北京市西瓜甜瓜产业发展及消费需求

西甜瓜产业技术体系北京市创新团队
北京市农业技术推广站

组织编写

U0272299

中国农业科学技术出版社

图书在版编目（CIP）数据

北京市西瓜甜瓜产业发展及消费需求／朱莉，曾剑波，李琳主编.
—北京：中国农业科学技术出版社，2014.5
ISBN 978 – 7 – 5116 – 1544 – 2

Ⅰ.①北… Ⅱ.①朱…②曾…③李… Ⅲ.①西瓜 – 瓜果园艺 –
产业发展 – 研究报告 – 北京市 Ⅳ.①F326.13

中国版本图书馆 CIP 数据核字（2014）第 027632 号

责任编辑　于建慧
责任校对　贾晓红

出 版 者　中国农业科学技术出版社
　　　　　北京市中关村南大街 12 号　邮编：100081
电　　话　(010)82109194(编辑室)　　(010)82109702(发行部)
　　　　　(010)82109709(读者服务部)
传　　真　(010)82109194
网　　址　http://www.castp.cn
经 销 者　各地新华书店
印 刷 者　北京昌联印刷有限公司
开　　本　880mm×1 230mm　1/32
印　　张　4
字　　数　103 千字
版　　次　2014 年 5 月第 1 版　2014 年 5 月第 1 次印刷
定　　价　16.80 元

编写人员名单

主 编：朱 莉 （北京市农业技术推广站）
　　　　曾剑波 （北京市农业技术推广站）
　　　　李 琳 （北京市农业技术推广站）
编写人员：宫国义 （北京市农林科学院蔬菜研究中心）
　　　　刘中华 （北京市优质农产品产销服务站）
　　　　张志勇 （北京农学院）
　　　　耿丽华 （北京市农林科学院蔬菜研究中心）
　　　　吴学宏 （中国农业大学）
　　　　陈宗光 （北京市大兴区农业技术推广站）
　　　　芦金生 （北京市大兴区农业技术推广站）
　　　　徐 茂 （北京市顺义区种植业服务中心）
　　　　马 超 （北京市农业技术推广站）
　　　　李 婷 （北京市农业技术推广站）
参编人员：张保东 （北京市大兴区农业技术推广站）
　　　　高会芳 （北京市大兴区农业技术推广站）
　　　　相玉苗 （北京市大兴区农业技术推广站）
　　　　夏 冉 （北京市大兴区农业技术推广站）
　　　　兰 振 （北京市大兴区农业技术推广站）
　　　　董 帅 （北京市大兴区农业技术推广站）
　　　　江 姣 （北京市大兴区农业技术推广站）
　　　　王小征 （北京市顺义区种子管理站）
　　　　侯 鹏 （北京绿奥合作社）
　　　　李志凤 （北京市顺义区农业科学研究所）

李志永　（北京市顺义区北务镇蔬菜服务中心）

蒋金成　（北京市延庆县农业技术推广站）

张占英　（北京市延庆县种植业服务中心）

王亚牲　（北京市房山区农业科学研究所）

张　雷　（北京市昌平区农业技术推广站）

王海荣　（北京市怀柔区农业技术推广站）

前　　言

根据十七届三中全会提出"农业发展的根本出路在科技进步"的精神，为切实制定中长期计划任务和准确把握攻关方向，明确北京市西瓜、甜瓜产业技术发展现状，西瓜、甜瓜发展产业链的关键因素和技术需求，西甜瓜产业技术体系北京市创新团队，经过调研策划、工作准备、人员培训、产业调查、数据分析与报告撰写等一系列过程，完成了对北京市西瓜、甜瓜产业的统一调研。

调研样本采用随机抽样原则，范围涉及 20 家西瓜、甜瓜产业园区和合作社、480 个生产农户（主要分布在 16 个西瓜、甜瓜主产村）和全市 500 名普通市民消费者。

调研资料采集方法包括小组访谈、问卷调查、文献检索等。

本次调查成立了由首席专家任总负责的领导小组，并对调研区域进行合理分配，设立由岗位专家为各实施小组长负责的具体实施团队。

调研工作完成后，首席专家办公室统一组织调研报告编写。根据获取的调研数据，分项汇总，分析确立反应生产和经营技术水平的特征指标，查阅国内外资料，提取特征指标数据与结论，对比分析特征指标找出差距，分析造成差距的原因，剖析需求实质，讨论问题并提出解决方案，最后确定报告编写大纲和分工方案，组织报告的编写、修撰，形成了本调研报告。

本调研报告的框架如下。

西瓜与甜瓜产业需求调研报告

前言

　　概述基础调研情况

第一部分　西瓜与甜瓜产业发展概况

　　数据主要来源于：历年中国统计年鉴、北京统计年鉴以及关于西瓜甜瓜及农业的报纸、期刊、杂志、内部资料等；村干部访谈研究方法：二手资料研究、文献检索

第二部分　西瓜与甜瓜产业需求分析

　　数据主要来源于：本次专项调研、全市西瓜甜瓜历史积累资料研究方法：问卷调查法、小组访谈

第三部分　结论与建议

　　主要结合本报告第一部分和第二部分，提出西瓜甜瓜产业技术体系目前存在的主要问题和未来发展建议

附录

　　本次调研背景资料、问卷等
　　农户访谈提纲，园区、合作社访谈提纲
　　农户访谈纪要，园区访谈纪要

目　　录

第三部分　结论与建议

附　　录

第一部分　西瓜与甜瓜产业发展概况

西瓜、甜瓜富含葡萄糖、苹果酸、维生素 C、维生素 A、维生素 B_1、维生素 B_2 等多种营养成分，具有治疗和保健等药用价值，而且汁多味甜，深受人们的喜爱。

西瓜与甜瓜种植在世界园艺产业中占据着重要地位，其面积和产量在十大水果中仅次于葡萄、香蕉、柑橘和苹果，居第五位。

目前，西瓜、甜瓜主要生产国有中国、土耳其、美国、以色列、伊朗等。我国是全球西瓜、甜瓜最大的生产与消费国，其产量一直保持在世界第一位。根据联合国粮食及农业组织数据（FAOSTAT）库资料显示，2011 年，全球西瓜总产量 10 288.9 万 t，中国占 67.2%；全球甜瓜的总产量 3 125.5 万 t，中国占 55.2%。

随着中国城乡经济的发展和居民生活水平的提高，西瓜与甜瓜在种植业中的地位越来越重要。2012 年，我国西瓜、甜瓜产业总产值达 2 500 亿元以上，约占种植业总产值的 6%，因此，西瓜、甜瓜是我国重要的高效园艺作物。未来西瓜、甜瓜产业将为带动种植业发展和农业可持续发展作出更多贡献。

第一章 国内西瓜与甜瓜产业发展概况

一、种植面积与总产量迅猛增加

我国西瓜、甜瓜的栽培历史悠久，甜瓜有 3 000 多年历史，西瓜有 1 000 多年历史。

1978—2011 年，西瓜、甜瓜的播种面积翻了两番有余，至 2011 年，我国西瓜、甜瓜种植面积占到世界西瓜、甜瓜播种面积一半以上。其中，甜瓜相对占比和绝对发展数量都在不断扩张中。

1996—2011 年，西瓜、甜瓜的产量增加了 2.52 倍。

西瓜、甜瓜的播种面积和产量呈现明显的增长趋势，并且产量的增速明显快于种植面积的增速，表明近年来西瓜、甜瓜的单产得到了显著提高（表 1）。

表 1 我国历年西瓜、甜瓜播种面积和产量分布

（面积：万 hm² 产量：万 t）

| | 1978 年 | | 1985 年 | | 1996 年 | | 2011 年 | |
	面积	产量	面积	产量	面积	产量	面积	产量
西瓜			86			2 811.9	180.3	6 889.3
甜瓜			6			363.2	39.7	1 278.5
合计	40.6		92		111.2	3 175.1	220.0	8 167.8

二、设施栽培面积不断扩大

20 世纪 80 年代初，我国西瓜生产以陆地为主，地膜覆盖技术的出现使上市期提早了 7～15 天，而且单产增加 60% 以上，种瓜效益明显提高，促进了西瓜产业的快速发展。

到了 90 年代中后期，日光温室、塑料大棚、小拱棚双覆盖等多种形式的设施栽培技术和模式的发展，实现了厚皮甜瓜从西北冷凉干燥地区向东部及东南沿海地区发展。

近年来，日光温室和塑料大棚在华北、华东的主产区基础上逐步扩大到西北、东北、华南等各地，种植面积超过 70 万 hm^2。

至 2012 年，西瓜、甜瓜总播种面积在 200 万 hm^2 以上，总产值达 2 500 亿元以上。各种设施栽培情况如下。

①采用设施栽培（小拱棚、中大棚和温室栽培）西瓜、甜瓜种植面积达到 90 万 hm^2 以上，比例占 45% 以上。

②设施栽培（小拱棚、中大棚和温室栽培）西瓜、甜瓜总产量达到 3 700 万 t 以上，比例占 45% 以上。

③设施栽培（小拱棚、中大棚和温室栽培）西瓜、甜瓜总产值达到 720 亿元以上，比例占 60% 以上。

总体上看，西瓜、甜瓜设施栽培面积呈现不断扩大趋势，塑料大棚、小拱棚和日光温室为主的保护地生产面积不断增加，品种和质量向优质、高档次、中小型精品化发展。

三、品种类型和结构进一步优化

品种改良是推动世界各国西瓜、甜瓜生产向前发展的重要因素。当今世界上进行西瓜品种改良的国家不多，美国以抗病育种为其特色。

1911 年至今，美国共育成抗病品种 30 多个，先后育成了

"卡红"、"糖尼"、"烟尼"等著名品种，至2003年推广应用200多个品种。

日本也是世界上进行西瓜育种较早的国家，日本以品质育种为其特色。1945年前后育成"大和系"、"三笠系"、"都系"、"富研系"、"富民系"等，由于嫁接栽培技术的普遍应用，日本西瓜品种选育主要注重大小适中，外形和皮色优美，含糖量高、风味好的品种，尤其是保护地专用品种"早春红玉"是其杰出代表。其他开展西瓜品种改良的还有前苏联、以色列、土耳其、英国、韩国等。

我国西瓜品种类型发展历史如下。

①我国20世纪50年代各地主栽品种均为传统地方品种。

②60年代开始地方品种提纯复壮工作，先后选出了"旭大和"、"华东24号"、"澄选1号"、"华东26号"等品种，其后育成了一批常规品种，如"兴城红"、"中育1号"、"浙蜜2号"等。

③80年代育成了一大批杂交一代，知名的有"郑杂5号"、"京欣1号"、"苏杂2号"、"新红宝"、"金钟冠龙"、"西农8号"等。

④礼品与特色西瓜是近年来我国育种单位相继推出并在生产上广泛应用的新型西瓜品种，例如，"金兰"、"黑美人""红小玉"、"黄小玉"、"红小帅"、"黄小帅"、"小红铃"、"秀丽"、"红小玉无籽"等一系列品种。

目前，我国西瓜、甜瓜种植基本实现良种化，其中，西瓜用种全部采用杂交一代品种，主栽品种多数是国产品种。

此外，优质小型西瓜、薄皮甜瓜与哈密瓜生产面积保持稳定增长，生产品种更突出果实品种特性与栽培抗病性。

四、长季节高品质栽培方式发展较快

小型西瓜在我国的栽培技术研究中已取得了长足进步，并且种植规模不断扩大，市场前景广阔，经济效益可观。

为了规避小型西瓜早春栽培生产投入大、天气因素影响大的风险，进一步挖掘小型西瓜的生产潜力及经济价值，上海市农科院、江苏南京市蔬菜所等江、浙、沪地区通过不断探索总结出一整套小型西瓜长季节栽培技术，采收期延长至8月中下旬，一共可收获四茬瓜，每亩（15亩＝1hm²，全书同）产量达7 000kg，瓜农经济收入提高显著。

另外，宁波市农科院蔬菜所针对大棚甜瓜长季节栽培技术开展了研究，将其分为大棚特早熟避台长季节栽培和大棚越夏长季节栽培两种类型，甜瓜长季节栽培的产值超过22.5万元/hm²，具有较高的经济效益。

五、进出口贸易量发展平稳，国际市场占比较小

我国是世界西瓜、甜瓜最大生产国，但其进出口贸易量在世界占比不大。近年来，贸易呈现"出口量较小、进口量增加，进出口金额均大幅增加"的趋势（表2）。

1. 西瓜的进出口概况

①西瓜的主要出口省份为广东省，出口量占全国出口量的81.24%。

②主要进口省份为云南省，进口量占全国进口量的54.27%。

③中国西瓜进出口大多集中在周边国家和地区，其中，主要的出口目标市场为越南、中国香港和澳门。

④主要的进口地区来自越南、缅甸、马来西亚、中国台湾等国家和地区。

2. 甜瓜的进出口概况

①甜瓜的主要出口省份为广东省和山东省，出口量分别约占全国出口量44.05%和33.21%。

②云南、北京、上海、福建有极少量进口甜瓜。

③中国甜瓜出口主要目标市场为越南、马来西亚、中国香港，甜瓜主要的进口国为缅甸。

总体来看，就进口而言，中国西瓜进口量占世界进口总量的10%左右，但不足国内产量6‰。甜瓜的进口量更少。

就出口而言，西瓜和甜瓜的出口数量相近，40 000~60 000t，但甜瓜的出口金额明显高于西瓜。

总而言之，国内西瓜、甜瓜进出口贸易量较小，国际市场对国内市场的冲击力比较小。

表2　2010—2012年中国西瓜、甜瓜进出口情况对比

类型	年份	出口		进口	
		数量（万t）	金额（万美元）	数量（万t）	金额（万美元）
西瓜	2010	5.07	1 217.71	31.33	3 493.9
	2011	4.71	1 571.76	39.81	4 859.58
	2012	5.81	2 180.42	42.01	5 950.67
甜瓜	2010	5.63	2 857.11	2.02	118.51
	2011	5.10	3 602.25	3.50	215.91
	2012	5.63	5 207.59	3.68	252.70

六、国内外栽培技术与生产发展模式比较

（一）国内外生产发展模式比较

目前世界上各先进国家在西瓜、甜瓜生产发展上，主要有美国与日本两种代表不同类型的现代化生产模式。

1. 美国模式为生态型模式

该国幅员辽阔，南北气候差别大，人少地多劳力缺乏，经济发达，工业基础好，其生产特点如下。

①全部采用露地栽培，没有保护地生产。

②产区高度集中在少数几个生态条件最适、最佳的州。

③生产规模大，机械化程度高。

④各地的西瓜、甜瓜商品供应主要依靠高度现代化的贮运条件调剂解决。

缺点：田间管理粗放，单产水平不高。

2. 日本模式为集约型模式

该国国土狭小，人多地少，经济发达，工业基础好，但生态条件不够理想，阴雨多湿，西瓜、甜瓜露地栽培不太稳定，其生产特点如下。

①绝大部分采用保护地遮雨栽培。

②露地栽培少。

优点：有精耕细作传统，单产稳产水平高。

3. 我国生产发展模式

改革开放前，我国的西瓜、甜瓜生产属于初级生态型模式，全部采用露地栽培，没有保护地生产，栽培技术的现代化水平较低。改革开放后，我国的西瓜、甜瓜生产发生了巨大变化。

20世纪80年代开始，保护地生产发展很快，至今已形成相当规模。西瓜、甜瓜生产从原有的初级生态型模式转变为兼具美、日两国生产模式的复合型现代化生产模式如下。

①既有大面积的露地生产。

②又有较大规模的保护地栽培。

栽培技术的现代化水平有了较大提高，开始走上一条具有一定中国特色的农业现代化发展道路。

（二）国内外栽培技术比较

1. 国外栽培技术

根据 CAB 和 AGRICOLA 两个数据库的检索结果，国外有关西瓜、甜瓜栽培技术的研究工作主要集中在葡萄牙、西班牙、巴西、土耳其、克罗地亚等国家。研究内容综合概括起来涉及如下几个方面。

①不同砧木和嫁接方法对西瓜、甜瓜生长发育、产量和品质的影响。

②盐分或水分等胁迫条件对西瓜、甜瓜产量和品质的影响。

③滴灌对西瓜、甜瓜产量和品质的影响。

④氮肥的施用计量和方法对西瓜、甜瓜产量和品质的影响。

⑤N、P、K 及有机化合物生物肥的滴灌施用技术及其对西瓜、甜瓜产量和品质的影响。

⑥温室西瓜、甜瓜高产、优质栽培技术。

⑦西瓜与谷物间作栽培技术等。

由此可见，国外有关西瓜、甜瓜栽培技术的研究具有内容具体、涉及面广的特点。

2. 国内栽培技术

2012 年，国内有关西瓜、甜瓜栽培技术的研究（包括国内研究成果在国外刊物发表的），内容主要涉及：西瓜、甜瓜有机生产技术，间作栽培、简约化栽培、嫁接和滴灌等技术在设施西瓜、甜瓜生产中的应用等。其中，有以下两点。

（1）栽培技术

西瓜的栽培技术主要针对无籽和小果型西瓜开展早熟、优质、设施无公害的研究，露地栽培研究相对较少。

甜瓜的栽培技术主要围绕薄皮甜瓜（东部地区）和网纹甜瓜（西北地区）开展设施栽培研究，仅有个别露地栽培和无土栽培的研究报道。

（2）栽培模式

以设施立体（吊蔓）栽培和简约化栽培为主，也有部分间套种栽培模式的研究。

据相关研究成果显示，现全国西瓜、甜瓜主要栽培模式分布如下。

➢ 西北露地厚皮甜瓜高效优质简约化栽培模式；

➢ 西北压砂瓜高效优质简约化栽培模式；

➢ 北方设施西瓜、甜瓜早熟高效优质简约化栽培模式；

➢ 北方露地中晚熟西瓜高效优质简约化栽培模式；

➢ 南方中小棚西瓜、甜瓜高效优质简约化栽培模式；

➢ 南方露地中晚熟西瓜高效优质简约化栽培模式；

➢ 华南反季节西瓜、甜瓜高效优质简约化栽培模式；

➢ 城郊型观光采摘西瓜、甜瓜栽培模式。

可见，我国西瓜、甜瓜栽培技术的研究与市场需求、消费水平和消费观念等因素有着密切的联系。

第二章 北京市西瓜与甜瓜产业发展概况

一、北京市西瓜与甜瓜产业背景

（一）适应新时代的要求

北京市都市型现代农业必须把首都农业作为世界城市的特色产业、首都生态宜居的重要基础、城市高端农产品供应和应急安全的基本保障，北京市西瓜、甜瓜产业作为首都特色农产品供应成为北京农业的一项重要任务，其具有历史悠久、品牌突出、投入产出率高、劳动产出率高以及能满足设施农业、采摘农业等特征，适应新时代的要求。

（二）适应都市农业发展

1. 适应设施农业发展

近年来，在农业扶持政策的引导下，北京市设施农业建设取得了较大发展，成为京郊农业增效、农民增收的重要途径，在保障首都农产品供给中发挥了重要作用。

2012 年，全市设施 56.7 万亩，瓜类设施面积 8.6 万亩，占全市设施面积的 15.24%；2012 年，设施瓜类总产值 10.7 亿元，占设施总产值的 20.55%，进一步提高了鲜活农产品供应保障能力（表 3）。

2. 适应采摘农业发展

北京市农业定位为都市型现代农业，其内涵包括生产功能、生态功能、生活功能和示范功能，2012 年北京市农委《加快推进都市型现代农业发展》中指出，要瞄准生态休闲功能，突出生态屏障和休闲首选定位，指出北京农业是"生产性绿色空间"，要坚持农业是京郊休闲旅游"首选地"的定位，并不断开发观光农业、农耕文化体验等休闲农业模式。

表3　2012 年北京市瓜类设施面积及产值分析

	面积（亩）	产值（万元）
设施	566 955.00	519 824.20
瓜类设施	86 458.00	106 834.60
瓜类比重	15.24%	20.55%

数据来源：《2013 北京统计年鉴》

据统计，2012 年，北京市农业观光园 1 283 个，接待市民 1 939.9 万人次，实现经营收入 26.88 亿元，休闲农业成为提高市民幸福指数的重要载体。

北京市西瓜、甜瓜上市在 5—6 月和 9—10 月，基本满足市民劳动节、端午节、中秋节和国庆节的采摘需求，而薄皮甜瓜日光温室则能提前到清明前后上市，弥补该时期采摘空白。

3. 解决农民就业问题

2012 年，北京市农林牧副渔从业人口 56.30 万人，从事西瓜、甜瓜生产的为 6.54 万人，占总农林牧副渔从业人口的 11.70%，对促进京郊农民就业起到了一定的作用。

其中，以大兴和顺义区从业农民最多，大兴区从事西瓜、甜瓜生产的农民为 4.74 万人，占全区农林牧副渔从业人口的 50.8%；顺义区从事西瓜、甜瓜生产的农民为 1.20 万人，占全区农林牧副渔从业人口的 29.3%。

（三）促进农民增收致富

数据表明，西瓜、甜瓜产业适应高产高效农业的发展，能够促进农民增产增收。瓜果类亩收入明显高于蔬菜及食用菌（表4）。

其中，瓜果类温室亩收入达到 4.04 万元，远高于温室种植蔬菜和食用菌亩收入 0.89 万元；大棚瓜果类亩收入达到 0.79 万元，是大棚蔬菜和食用菌亩收入的 1.32 倍；而中小棚瓜果类亩收入也比大棚蔬菜和食用菌亩收入多 583 元。

从设施平均亩收入来看，蔬菜和食用菌亩收入 0.78 万元，而瓜果类亩收入为 1.24 万元。

表4 2012 年设施蔬菜和食用菌、瓜果类亩收入分布

（单位：元）

作物种类	温室	大棚	中小棚	亩均收入
蔬菜和食用菌	8 949.04	5 999.10	4 851.01	7 772.57
瓜果类	40 416.24	7 905.98	5 434.25	12 356.82

数据来源：《2013 北京统计年鉴》

（四）满足市民消费需求

2012 年，北京西瓜、甜瓜市场年消费量 170.33 万 t，而北京市西瓜、甜瓜年生产量 34.02 万 t，只能满足 19.97% 供应。也就是说，北京市西瓜、甜瓜产业有着长足发展空间（图1）。

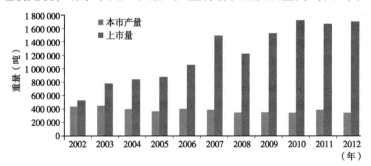

图1 2002—2012 年北京市西瓜、甜瓜产量及市场消费量

数据来源：《北京统计年鉴》

二、北京市西瓜与甜瓜产业现状

西瓜、甜瓜是北京市的主要农作物，是北京市政府开展"221"行动计划所确定的十大优势产业。

（一）北京市西瓜、甜瓜产业基本情况

2000—2012 年，北京市瓜类平均生产面积为 12.43 万亩左右，总产量约 38.53 万 t，总产值近 10 亿元（表5）。

其中，西瓜年均生产面积为 11.28 万亩，西瓜总产量约 36.13 万 t。

北京市西瓜、甜瓜近 10 年来亩产量稳定在 3 095.00 kg/亩，远高于全国平均水平（2 380.9 kg/亩），处于全国前列。

表5　2000—2012 年北京市瓜类种植的产量

年份（年）	瓜类			西瓜		
	播种面积（亩）	单产（kg/亩）	总产量（t）	播种面积（亩）	单产（kg/亩）	总产量（t）
2000	121 029.00	3 411.69	412 913.83	105 919.50	3 552.75	376 305.15
2001	140 341.50	3 299.64	463 076.43	127 428.00	3 359.97	428 154.68
2002	129 973.50	3 303.42	429 357.06	118 750.50	3 387.65	402 284.74
2003	134 110.95	3 283.62	440 369.00	121 870.05	3 393.31	413 543.00
2004	126 238.50	3 085.33	389 488.00	114 343.50	3 161.35	361 480.00
2005	116 056.50	3 081.29	357 604.00	107 365.50	3 148.01	337 988.00
2006	129 757.50	2 991.30	388 144.00	121 741.50	3 045.19	370 726.00
2007	128 022.00	3 006.46	384 893.00	120 013.50	3 078.23	369 429.00
2008	121 317.00	2 778.51	337 081.00	113 400.00	2 843.47	322 449.00
2009	113 771.00	3 044.03	346 322.80	103 237.00	3 177.72	328 058.50
2010	117 175.00	2 916.89	341 787.10	104 544.00	3 072.85	321 248.50
2011	123 058.50	3 071.77	378 007.00	110 110.50	3 223.39	354 928.90
2012	114 897.00	2 961.01	340 210.70	97 105.00	3 189.59	309 726.50
平均	124 288.30	3 095.00	385 327.22	112 756.04	3 202.58	361 255.54

数据来源：《北京统计年鉴》

（二）北京市西瓜、甜瓜产业布局

随着农业结构的调整，北京西瓜、甜瓜产业飞速发展，已成为部分区、县经济发展的龙头产业。

北京市西瓜、甜瓜种植区域以大兴区和顺义区为主，主要分布在大兴区（庞各庄、北臧村、魏善庄、礼贤、榆垡、安定）及顺义区（李桥、李遂、大孙各庄、北务）等 10 个乡镇，形成了两个重要的西瓜、甜瓜产业带，占总生产面积的 85%。

各区县具有以下不同的种植特色。

①大兴西瓜以中、小型设施西瓜为主，上市时间以 5—6 月和 7—10 月为主，产品以零售和采摘为主。

②顺义区甜瓜具有悠久的种植历史，该区大无籽西瓜也很有特色。

③房山区露地西瓜较多。

④昌平区种植以麒麟为主的中型瓜居多。

⑤最具特色的是延庆西瓜、甜瓜，该区域由于光照足、温差大，气候条件又与别的区县存在差异，其生产的西瓜、甜瓜不但品质好，而且上市期为 7—8 月，正好填补消费旺季北京地产西瓜稀缺的现象。

2012 年，北京市设施瓜果的产量分布如表 6 所示，西瓜、甜瓜的分布与此非常一致。

表 6　2012 年北京市各区县设施瓜果类产量比较

区县	瓜类产量（t）	占比（%）
大兴区	156 525	64.29
顺义区	60 281	24.76
昌平区	12 145	4.99
通州区	8 297	3.41
房山区	2 161	0.89

（续表）

区县	瓜类产量（t）	占比（%）
平谷区	1 280	0.53
延庆县	903	0.37
密云县	855	0.35
怀柔区	661	0.27
海淀区	199	0.08
丰台区	69	0.03
朝阳区	84	0.03
门头沟区	1	0

数据来源：《2013北京统计年鉴》

（三）西瓜、甜瓜投入与产出现状

对各种茬口的投入与产出进行了比价，结果发现以下各种种植模式。

①投入：从各项农资投入可以看出，西瓜、甜瓜亩均年投入约4 877元，其中，劳动力成本达到33%。

②产出：西瓜亩均收入35 280元，甜瓜亩均收入26 700元。

③利润：2013年西瓜亩均产量同比增长0.2%，亩均收入增长23.2%，亩均成本同比增长13.6%，亩均利润同比提高30.5%。

（数据摘自于北京市城乡经济信息总第314期）

（四）北京市西瓜、甜瓜经营状况

1. 组织结构

北京市西瓜、甜瓜生产经营单位中散户（农户）：合作社：园区/公司/大户的比例为7：2：1。

合作社、园区在20世纪90年代以后得到了较大发展，其中，大兴和顺义经营西瓜、甜瓜的合作社 109 家，园区 23 家。

但西瓜、甜瓜农民合作社比较松散，主要为社员提供信息、技术、营销等信息和服务，并不具备统一生产、统一销售的能力。

2. 品种技术

在西瓜品种上，园区全部种植小型西瓜；合作社种植中小型西瓜，小型西瓜份额较大；而农户以种植中果型西瓜为主。

在西瓜种植模式上，园区采用吊蔓栽培，而合作社和农户两者皆会采用，其中农户以地爬栽培为主。

甜瓜在品种和种植模式园区、合作社以及农户没有太大的区别。

3. 销售方式及价格

2000 年以前，西瓜、甜瓜主要的销售方式是大型的批发市场和瓜贩的地头收购。

目前，销售方式呈现多样化的发展趋势，存在零售、批发、采摘、装箱等多种方式，其中，销售方式不同决定了价格差异波动幅度很大。

价格最高的普遍位于园区。同时，园区自身的价格波动幅度也非常大。庞安路、龙塘路西瓜、甜瓜休闲观光产业带两侧，西瓜、甜瓜因采摘和地头销售，亩纯效益均在 1 万元以上，极端产值可达 9 万元/亩。

对于不同的品种而言，中型早熟西瓜产品、露地晚熟西瓜产品销售以批发市场及地头交易为主，小型西瓜和甜瓜以产地批发、采摘、装盒销售多形式为主。

合作社在西瓜品牌化销售方面作用越来越大，提高了销售价格。据大兴区对全区 91 家合作组织调查，西瓜、甜瓜合作社收购农户中果型西瓜价格比市场批发每千克价格高出 1.2～2 元，小果型西瓜收购价格比市场每千克价格高出 1.6～2.3 元，合作社的形成与运行对促进京郊西瓜、甜瓜产业发展，促进农民增收致富起到至关重要作用。

4. 品牌建设与政府宣传

通过"政府搭台、企业唱戏"模式，北京市西瓜、甜瓜产业发挥了历史和地缘优势，成为全国有影响力的一个品牌。

（1）西瓜、甜瓜的节日

大兴区政府主办的以西瓜为主题的经济文化活动——西瓜节，办节宗旨为"以瓜为媒，广交朋友，宣传大兴，发展经济"。每年5月28日举行，1988年举办首届西瓜节。按照"以文化立形象，以情节聚人气，以展示育商机"的节庆理念，西瓜节期间开展文艺表演、经贸洽谈、观光旅游、商品展销、西瓜、甜瓜擂台赛等活动。2013年举办了第二十五届大兴西瓜节，连续举办的大兴西瓜节极大地提升了大兴西瓜的知名度，对西瓜的销售起到了很好的促进作用。一年一度的西瓜、甜瓜擂台赛也推动西瓜、甜瓜品种的更新换代。顺义沿河甜瓜采摘月活动已经连续开展16年，北务"绿中名"瓜菜采摘节连续举办10年，经济社会效益显著。

（2）西瓜、甜瓜的品牌

随着瓜农品牌意识的增强，涌现出"京庞"、"乐平"、"老宋"、"小珠宝"等一批西瓜产品商标，其中，"京庞"牌已成为北京市著名商标。2007年3月7日，国家质检总局公告批准了"大兴西瓜"（京欣一号、京欣二号、京欣三号、航兴一号）实施地理标志产品保护。地理标志产品是得到国际认可的产品，地理标志象征的是它的专用地域标志，地域标志也意味着产品的声誉和身价。开展地理标志产品保护对推广区域精品，提升市场竞争力，具有重要意义。

（3）西瓜、甜瓜采摘园

建立了"御瓜园"、"瓜趣园"、"瓜瓜园"、"康顺达"等西瓜、甜瓜休闲观光采摘园区吸引众多市民采摘观光。观光采摘园通过中外各种西瓜品种及西瓜树、西瓜袋式栽培、水培西瓜等多种观光栽培模式组合，创意建造各种文化、科技景观，提升了西瓜、甜瓜文化，打造了良好的观光采摘环境。但是，以生产功能为主导，相关采摘观光园区大多数没有开发餐饮住宿业务，仅个别区级现代农业示范区开发了餐饮服务业以及住宿，但接待能力受到限制。

三、北京市西瓜与甜瓜产业特点

（一）新品种引领作用突出

北京市拥有中国农业科学院、北京市农林科学院、北京市农业技术推广站等众多科研推广单位，多年从事西瓜、甜瓜的育种工作，自育品种资源丰富。同时，北京市民消费力强，对产品品质要求较高；瓜农也十分重视西瓜、甜瓜新品种的加速使用，从而推动了西瓜、甜瓜品种更新换代的步伐。

2000 年以来，北京市西瓜品种呈现百花齐放的局面，年种植品种达上百个，京郊西瓜品种以北京自育优新品种覆盖率较高，华欣系列、超越梦想等西瓜品种深受瓜农欢迎，种植面积达到 60% 以上，提升了产品质量，对产业引领作用明显，在全国示范作用突出。目前北京市小型西瓜超过 2 万亩，占西瓜栽培面积 18%，领先于全国水平，超越梦想、航兴天秀 2 号（L600）、京颖、全美 2K、京玲无籽等品种与传统品种京秀、新秀相比，耐裂性好，减少了田间采收和运输造成的裂果损失。京欣 1 号、超越梦想等北京自育优新品种辐射推广到全国，在全国优新品种应用中接近 10% 的种植面积，成为优质品种首要选择。

北京市甜瓜种植品种主要分为厚皮甜瓜和薄皮甜瓜两种类型，厚皮甜瓜以"郁金香"和"久红瑞"为主，薄皮甜瓜以"白雪王"等老品种为主。

目前，薄皮甜瓜品种越来越受市场的喜爱，种植面积呈增加趋势，绿皮绿肉的久青蜜类型和早熟哈密瓜品种前景看好。

北京市西瓜嫁接栽培开始于 20 世纪 80 年代，随着设施西瓜面积逐年增加，目前，西瓜嫁接栽培比例达到 95% 以上。2000年以前，西瓜嫁接砧木的主要品种为黑籽南瓜砧木。但黑籽南瓜对西瓜品质影响较大，且易发生生理性急性凋萎，目前，主要采用白籽南瓜砧木以及适宜小西瓜栽培的小籽南瓜砧木。

（二）新技术应用范围广泛

近 30 年来，北京市西瓜、甜瓜产业不断将新技术应用于生产中，推动产业在不同的时期经历了快速发展保供应、产品优质多样和都市型农业提升发展 3 个阶段，成为满足市民"瓜福气"、帮助农民增收致富的重要产业。

① 1983—1989 年为快速发展保供应阶段，推广地膜覆盖等高产技术，平均亩产提升到 3 062kg。

② 1990—2000 年为产品优质多样化发展阶段，通过推广无籽西瓜高产和保护地高产技术，由露地栽培发展到以保护地栽培为主，品种向优质化、多样化发展，市场供应期由 2 个月延长到6 个月，亩产量增加到 4 100kg。

③ 2001 年至今为全面提升发展阶段，全面推进西瓜、甜瓜优质、安全、多样化、品牌化生产发展，以大棚和温室栽培为主，推广了周年生产配套技术，稳步增加了西瓜、甜瓜市场供应量，提高了品质，延长了供应时间。

（三）设施化栽培面积增大

随着近几年北京市设施农业的不断发展，西瓜、甜瓜种植模式也发生了变化，设施栽培面积也随之不断增加。

北京市西瓜、甜瓜设施种植面积在稳步增加中，从 2004 年的 51.58% 增加到 2012 年 75.25%，其中，2008 年以后设施西瓜、甜瓜播种面积基本稳定在 70% 以上（图 2）。

而在设施类型内部也有明显的变化，温室西瓜、甜瓜和大棚

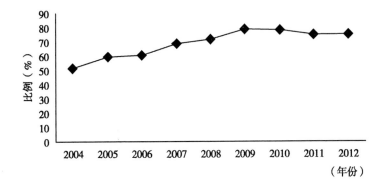

图 2　2004—2012 年北京市设施瓜类播种面积
占总播种面积比例（%）

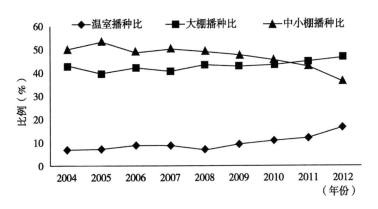

图 3　2004—2012 年北京市各种设施瓜类种植比例（%）
数据来源：《北京统计年鉴》

西瓜、甜瓜的播种比例不断上升，中小棚西瓜、甜瓜播种比例不断下降。其中，温室播种比例从 2004 年的 6.82% 提高到 2012 年的 16.47%，大棚播种比例从 2004 年的 42.95% 提高到 2012 年的 47.02%，而中小棚播种比例从 2004 年的 50.23% 降低到 2012 年的 36.52%（图 3）。

（四）区域化种植特色明显

由于地理位置差异，气候也有很大的差异，其中北部山区以延庆为例，其入春时间至少比近郊区推迟半个多月，年平均气温比近郊区低 3~5℃。

北京市各区县土壤质地也存在很大的差异，其中，比较适宜种植西瓜、甜瓜的沙壤土壤主要分布在永定河与潮白河沿岸，由于地理、气候、土质以及种植习惯等不同，北京市西瓜、甜瓜生产形成了不同的区域特色。

大兴西瓜最为出名，该区西瓜以中、小型设施西瓜为主，上市时间以 5—6 月和 7—10 月为主，产品以零售和采摘为主。

顺义区甜瓜具有悠久的种植历史，其中沿河甜瓜最为出名，该区大无籽西瓜也很有特色；而房山区露地西瓜较多，昌平区则种植以麒麟为主的中型瓜居多。

最具特色的是延庆西瓜和甜瓜，该区域由于光照足、温差大，气候条件又与别的区县存在差异，其生产的西瓜、甜瓜不但品质好，而且上市期为 7—8 月，有效填补了消费旺季北京地产西瓜、甜瓜稀缺的现象。

（五）休闲及采摘功能突出

北京市农业定位为都市型现代农业，近几年北京市西瓜、甜瓜观光采摘功能凸显，通过采摘销售的西瓜、甜瓜数量占西瓜、甜瓜供应量的 30%。

素有"中国西瓜之乡"之称的北京市大兴区庞各庄镇是市民采摘西瓜的主要去处，这里的庞安路是一条涵盖着种植模式创新、管理经验更新、技术应用革新诸多因素融合为一体的北京西瓜产业"高速路"。庞安路两侧，"世同瓜园"、"小李瓜园"、"老宋瓜园"等有名气的西瓜、甜瓜采摘园整齐划一，温室和大棚里飘散着西瓜、甜瓜的芳香。

顺义沿河甜瓜采摘月活动已经连续开展 16 年，北务镇"绿中名"瓜菜采摘节连续举办 10 年，经济、社会效益显著。

2012 年，大兴西瓜节期间，休闲旅游和观光采摘游客达 100 万人次，仅老宋瓜园一个园区就达到 8 万人次。

（六）品牌全国知名

北京市西瓜、甜瓜品牌全国知名，以大兴区政府主办的西瓜节自 1988 年举办以来已经举办了 25 届，其办节宗旨为"以瓜为媒，广交朋友、宣传大兴，发展经济"，按照"以文化立形象，以情节聚人气，以展示育商机"的节庆理念，促进了全市西瓜、甜瓜生产和销售。

目前，北京市已经注册的西瓜商标共计 30 个以上，其中，以大兴区的"大兴西瓜"原产地证明商标，"京庞"、"乐平"、"宋宝森"、"九元"、"巴特农"、"永定河"，顺义区的"绿中名"、"小珠宝"、"沿特"、"大阳"、"绿奥"等较为知名，"京庞"和"绿中名"商标被北京市命名为"著名商标"。这些知名品牌非常注意产品的质量保证，大多采取礼品包装上市。特别值得一提的是，2007 年 3 月 7 日，质检总局公告批准了"大兴西瓜"（京欣一号、京欣二号、京欣三号、航兴一号）实施地理标志产品保护。

此外，北京市西瓜、甜瓜形成了以"大兴庞安路"和"顺义龙塘路"为主的两条采摘带。其中，大兴庞安路采摘带重点发展棚室西瓜、甜瓜生产，打造成"瓜乡大道"，全长 13.5 千米，沿途经过庞各庄镇、魏善庄镇和安定镇，沿途 1.5 万亩设施保护地西瓜、甜瓜成方连片。

（七）标准化生产日益完善

北京市西瓜、甜瓜产业发展不但在面积、单产、总产、特色、品牌等方面取得了卓有成绩，2001 年为适应设施瓜类生产的需求，北京市形成的《保护地西瓜栽培技术综合标准》通过了北京市质量技术监督局的验收审定，截至目前，全市已经建立了种植业标准化基地 37 家，其中，大兴区西瓜标准化基地 21 家，总面积将近 1 万亩。

四、北京市西瓜与甜瓜生产现状

（一）种植模式

目前，北京市西瓜、甜瓜生产主要存在日光温室、大棚、中小棚和露地栽培 4 种模式（图4）。

①主要种植模式为大棚。2012 年，大棚播种面积占西瓜、甜瓜总面积的35%，主要种植两个茬口包括春季提早栽培和秋季延后栽培。

②中小拱棚和露地种植面积分别为 3.16 万亩和 2.84 万亩，其种植面积分别占总面积的28%和25%。

③温室种植面积较少，仅占全市总种植面积的12%。

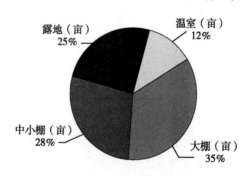

图4　西瓜、甜瓜种植栽培模式

数据来源：《2013 北京统计年鉴》

（二）设施及农机使用

1．设施情况

西瓜、甜瓜生产设施以大棚为主，日光温室面积较小。

大兴大棚80%为政府补贴兴建的钢架大棚，庞安路两侧为高标准的钢架大棚。

顺义竹木结构大棚约占64%，不适合吊蔓栽培，近年正陆续改造为钢架大棚。

2．农机使用情况

约有21%的农户在土壤翻耕、整地做畦等环节应用小型农机，其中，主要采用台湾产或合作生产的"小牛"系列农机、"大棚王"等机械，约有15%的农户使用电动喷雾器。

农机方面尚且有待发展。

（三）产业技术

1．种子生产和处理

种子生产方面目前依然采用异地农户分散式制种技术，种子生产基地落实难，土地、人工成本增长过快导致生产成本过高，同时国产种子售价又相对较低，所以种子质量很难保证。

与国外集约化健康种子生产技术相比，在种子带菌率、纯度、净度、出芽率等一些方面还有一定的差距。其原因有：缺乏对细菌性果斑病及病毒病的检测设备及手段；种子市场不规范，假冒伪劣种子仍有很多在市场上流通；农民对优质种子的认识度不够等。

种子带菌是西瓜、甜瓜病害重要的初侵染来源，种子处理是预防瓜类种传病害的重要措施之一。

当前西瓜、甜瓜种传病害主要包括枯萎病和蔓枯病等真菌病害、细菌性果斑病等细菌病害、花叶病等病毒病害。

①针对种传真菌病害进行种子处理的方法和技术主要包括多

菌灵、代森胺、双效灵、扑海因、五氯硝基苯等杀菌剂以及咯菌腈、甲霜百菌清悬浮种衣剂等进行拌种、浸种或种子包衣。

②针对种传细菌性果斑病进行种子处理的方法和技术主要包括硫酸铜、硫酸锌，春雷霉素、农用链霉素、盐酸、过氧乙酸、$KMnO_4$、甲醛、氢氧化铜、Tsunami 等的溶液进行浸种。

③针对种传病毒病进行种子处理的方法和技术主要采用磷酸三钠溶液进行浸种。

此外，国外曾有报道采用荧光假单胞杆菌处理防治细菌性果斑病。

2. 育苗技术

西瓜嫁接育苗主要通过 3 种方式生产。

（1）集约化育苗工厂生产

育苗工厂年育苗量应在 100 万株以上，集约化育苗工厂比较发达的地区，例如湖北武汉，山东济南、寿光，海南文昌，已经涌现了一批年育苗量在 1 000 万株以上的育苗工厂。

（2）育苗专业大户或专业合作社生产

年育苗量在 5 万株以上，有些育苗专业大户经过联合发展成为育苗专业合作社，如浙江温岭近年来涌现了西瓜、甜瓜嫁接育苗场 27 家，湖北宜城流水镇的嫁接育苗场有 30 家左右，育苗专业合作社年育苗量为 80 万~100 万株。

（3）瓜农自行嫁接育苗

农户根据每年种植西瓜、甜瓜的面积确定育苗数，年育苗 5 万株以下。

3. 栽培技术

近几年来，北京市大力发展设施农业，设施生产成为西瓜、甜瓜产业发展的重要"载体"，生产模式也在进行变革。产业发展上坚持安全、高效、优质、营养为核心，引进、创新、推广新品种、新技术，依据不同生产茬口、生产方式、不同市场追求推行相应栽培技术，形成西瓜、甜瓜生产技术体系，为产业稳定发展提供技术支持。

2011 年，西瓜、甜瓜平均单产 3 071.8kg/亩，平均劳动生产率 102.4kg/工作日，平均水利用率 167.8kg/m^3，有机肥利用率 568.9kg/m^3，化肥利用率 34.1kg/kg；西瓜、甜瓜平均单产高于全国水平（2 380.9kg/亩）。就本市情况来看，比较全市平均水平与最高产量（4 407.5kg/亩），全市西瓜、甜瓜亩产量存在着巨大的可提升空间。

（1）栽培模式

①小型西瓜主要是设施栽培，而栽培模式又分为吊蔓和地爬栽培。

②吊蔓栽培方式约占 63%，具有瓜形好、甜度高、产量高、效益高等优势。地爬栽培约占 31%，具有早熟，省工，二三茬果产量高等优势。

③中果型西瓜均采用地爬栽培模式，其中，设施中果型西瓜比露地栽培早熟、效益好却产量较低、费工。与外地相比，北京小型西瓜吊蔓栽培及中果型西瓜设施栽培比例较大，总体品质和效益较好但存在着费工的问题。

④甜瓜主要采用设施吊蔓栽培。

北京市温室厚皮甜瓜一般 2 月上中旬定植，4 月底至 6 月初采收两批；春大棚一般 3 月中下旬定植，5 月底至 6 月底采收两批，产量和品质情况与外地相当。薄皮甜瓜以春大棚为主，通过"多果多茬栽培"能实现 5 月初至 9 月长生育期采收，但与乐亭等地相比，熟期较晚。特别是温室甜瓜一般 4 月中旬上市，3 月有较大的市场空缺。延庆地区受地理位置和气候的影响，一般春大棚 4 月中下旬定植，7 月初至 8 月底采收两批。

（2）关键技术

①西瓜嫁接育苗、机械化开沟技术、全地膜覆盖、小果型西瓜和甜瓜立架栽培、测土配方施肥等技术已经得到全面应用。

②以天幕为主的多层覆盖技术、设施西瓜二氧化碳施肥技

术、小果型西瓜高密度栽培技术、设施中果型西瓜蜜蜂授粉技术、薄皮甜瓜嫁接育苗和多果多茬栽培等技术正在推广使用。

③水肥一体化技术已经推广几年，但除在园区部分使用外，较少采用。

④菌肥和微肥施用、小型西瓜和薄皮甜瓜蜜蜂授粉等新技术还需要进一步试验和示范。其中，小型西瓜高密度栽培种苗投入大，人工增加较少，产量和商品率较高；大棚西瓜蜜蜂授粉技术，在减轻农民劳动强度、减少生产成本、提高产品品质方面取得较好成效；薄皮甜瓜嫁接育苗和多果多茬栽培延长了供应期、提高了产量，均具有很好的推广前景。

4. 病虫害技术

国内外相关研究表明，西瓜、甜瓜在种植过程中会发生多种病虫害，造成严重的产量损失和品种下降。已报道发生的西瓜、甜瓜侵染性病害有 20 余种，生理性病害近 10 种，这些病害几乎都曾经或正在北京地区发生。

在侵染性病害中，80% 以上为真菌病害，但细菌病害如细菌性果斑病、病毒病害（花叶病）和根结线虫病等虽然种类较少，但近年来其发生面积呈逐年增加的趋势，由于当前针对这些病害还未有相对成熟的技术进行有效的防治，因此，它们给生产中带来的危害性越来越大。

长久以来，种植者对侵染性病害的危害较为重视，而忽视了生理性病害给生产带来的影响，但生产中出现的西瓜、甜瓜裂瓜等问题使越来越多的人相信导致这种现象发生的原因不仅仅是品种、栽培或水肥的问题，还可能与生理性病害的发生有关。

根据调查，北京西瓜、甜瓜的栽培方式主要包括露地栽培和保护地栽培，由于这两种栽培方式下温度、湿度、土壤条件以及微生物菌群存在一定的差异，导致病害发生的种类和数量也不相同；其中，露地栽培方式发生的病害种类和数量相对较少，经常发生的病害种类约为 10 种，而保护地栽培方式发生的病害种类可达 20 种。

围绕生产中发生的西瓜、甜瓜病害,科技工作者通过研究发现许多方法均可以用于这些病害的防治,例如,采用抗病品种、嫁接栽培、轮作间作、薄膜覆盖、土壤改良作物、土壤改良剂(S-H 混合物)等农业防治措施、化学防治和生物防治等。

针对西瓜、甜瓜病害的防治,不同的国家所采用的方式、方法或措施存在一定的差异,其中,日本主要采用嫁接栽培等农业防治措施,美国主要采用抗病品种结合轮作等综合措施,而我国(包括北京地区)主要采用化学防治等措施。

由于在西瓜、甜瓜生产的过程中,不同的生育期发生的病害种类以及发生的严重程度存在一定的区别,因此在整个生长过程中均需要进行病害的防治,从而导致农药施用量大,施药次数多。

表 7 北京市西瓜、甜瓜农药使用情况

作物	用药种类 (种)	均施药 次数 (次/茬)	亩均用 药量 (kg)	亩均 产量 (kg)	亩均 产值 (元)	农药成本 (元/亩·茬)
瓜类	6	18	1.7	4 008	11 804	162.5

* 引自北京市植保站资料,因根结线虫防治成本差别较大而未统计。

据调查,北京市瓜类病虫害防治主要采用扑海因、醚菌酯、异丙威、百菌清、吡虫啉、苯醚甲环唑、多菌灵锰锌、叶枯唑、寡雄腐霉、噁霉灵、乙膦铝、噁唑菌酮和氟硅唑等农药,农民在西瓜、甜瓜生长期平均选择其中的 6 种农药来防治病虫害(表7)。

在西瓜、甜瓜整个生育期平均用药 18 次,其中,种子处理 1次、土壤处理 1 次、育苗 1 次、嫁接前 1 次、嫁接后到定植前 1 ~ 2 次、苗期 2 ~ 3 次、团棵期 1 ~ 2 次、伸蔓期 2 ~ 3 次、膨瓜期 2 ~ 3 次。

第二部分　西瓜与甜瓜产业需求分析

本次调研从生产、经营与消费三个环节来阐释了西瓜、甜瓜的产业需求特征，具体如下。

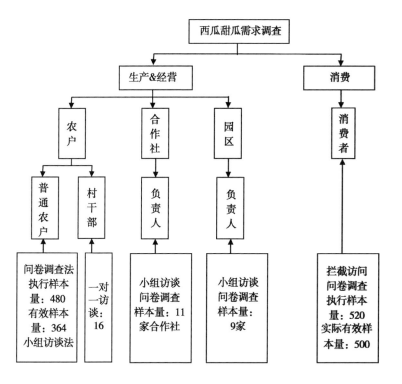

　　各调查样本村、合作社、园区及消费者调查区域具体调研名录参见附录所示。

　　需要说明的是，这里由于时间紧张，我们仅侧重于两点，一是生产者自身的技术需求与经营绩效，二是消费者对于西瓜、甜瓜的消费需求。对于西瓜、甜瓜的流通环节本次调查没有涉及，这也是本报告不足之处，以后将逐步完善。

　　此外，农户调查的废卷率高的原因，一是在于部分村的调查负责人对调查的重要性认识不足，导致搜集回来的问卷具有雷同性，二是在于农户问卷填答不及时，未在规定时间内填答，因而这些问卷没有纳入计算范围。

　　下面将根据调查设计，分别从基层农户、合作社和园区、消费者3个方面来展开阐述。

第三章　西瓜与甜瓜生产者需求分析

为全面了解基层农户对于西瓜、甜瓜的生产经营状况，通过对全市西瓜、甜瓜村组兼顾各区产量和各村组的自身代表性，共计调查了 16 个村组的基础信息，而且每个村组调查设计样本量为 30，主要目的是了解各个村组自身之间的差异，调查在实际过程中略有调整（表 8）。

表 8　基层农户调查村组名单与样本量（有效样本量：364 个）

区县名称	调研样本村	样本量
大兴	大兴区庞各庄镇留民庄村	30
	大兴区庞各庄镇梨花村	28
	大兴区庞各庄镇南顿垡村	34
	大兴区庞各庄镇西梨园村	30
	大兴区庞各庄镇东梨园村	29
	大兴区魏善庄镇东沙窝村	32
顺义	顺义区北务镇北务村	34
	顺义区大孙各庄镇小塘村	11
	顺义区杨镇王辛庄村	25
	顺义区北务镇小珠宝村	27
延庆	延庆县康庄镇西红寺村	29
	延庆县大榆树镇陈家营村	25
房山	房山区琉璃河镇薛庄村农民	30

针对基层农户的调查，分别从 6 个方面来展现西瓜、甜瓜品种渗透率、销售渠道、各品种的产销比例、农户掌握的栽培技术

和病虫害技术以及对目前所种植的西瓜、甜瓜品种的特性表现感知等。

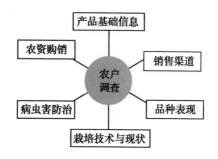

一、基础信息

1. 种植面积分布

京郊西瓜、甜瓜生产主要有农户种植、合作社种植以及园区种植3种主要模式。

调查发现，京郊瓜农户均种植西瓜、甜瓜的面积不等，户均种植西瓜、甜瓜面积为5亩，其中，种植面积5亩及以下农户占63%，5亩以上10亩以下农户占31%，10～50亩及50亩以上的农户分别占4%和2%（图5）。

合作社生产在京郊西瓜、甜瓜产业中占有很大比重，西瓜、甜瓜农民合作社的建立将各户闲散农民组织起来，为社员提供信息、技术、营销等信息和服务，壮大了合作社的实力，也给农民社员带来了效益。目前，大兴区拥有西瓜、甜瓜农民专业合作组织91家，顺义区有西瓜、甜瓜生产销售合作社、园区18个。

此外，延庆、通州、密云和平谷也均有西瓜、甜瓜专业合作社存在。

2. 亩产量

西瓜、甜瓜的平均亩产量都在2 000kg以上，可以通过其大

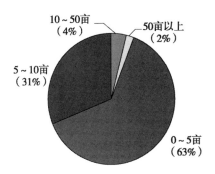

图5 瓜农种植面积比例分布（亩）

致价格来预测其收入（表9）。

表9 西瓜、甜瓜平均亩产量

	类型	平均亩产量（kg）
西瓜	小西瓜	2 440.5
	大西瓜	3 102.5
甜瓜	薄皮甜瓜	2 650
	哈密瓜	——
	厚皮甜瓜	2 353

3. 亩收入

调查表明，各类种植模式之间的亩收入差异非常大，也就是说，种植模式是影响亩收入差异的核心要素（表10）。

4. 上市时间

上市时间方面，除了6～7月的丰产期之外，还在"劳动节"、"端午节"、"国庆节"、"中秋节"上市。

表 10　西瓜、甜瓜种植模式及茬口收益

栽培模式	春茬亩收入（元）		秋茬亩收入（元）	
	西瓜	甜瓜	西瓜	甜瓜
大棚	9 069	6 300	13 434	7 500
中小拱棚	3 127	—	—	—
露地	5 053	—	—	—
日光温室	35 280	26 700	—	—

5. 亩成本

西瓜、甜瓜亩均年投入约 4 877 元（图 6），比例如下。

①所有投入中劳动力成本（包括自己的劳力）所占比例最高，达 33%。

②肥料成本所占比例为 19%（有机肥 12%，化肥 7%）。

③农膜成本所占比例 16.6%（棚膜 9%，二道幕 5.6%，地膜 2%）。

④种子（苗）成本所占比例为 13.7%。

⑤其余开支均不高于 10%（水电其他费 10%，灌溉设备 3.4%，农药 3.6%）。

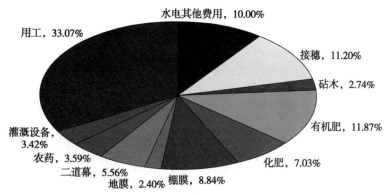

图 6　设施西瓜、甜瓜亩年均投入比例

二、销售渠道与农资购买渠道分析

1. 农资购买

从接穗、砧木、种苗、肥料、棚膜、地膜、农药、灌溉设备——涉及西瓜、甜瓜全生产流程分析购买渠道，主渠道是本村镇销售点；其次则是农技推广部门；再次是小商贩上门销售。

分开来看，各生产流程的购买主渠道呈现出非常明显的特色，技术含量高的生产流程，例如接穗、砧木、种苗培育等，农技推广部门的优势明显。

值得重视的是有机肥的购买渠道以小商贩上门销售为主，鉴于绿色农业、产品质量等因素考虑，需要对农户加强引导。

2. 西瓜、甜瓜销售渠道分析

西瓜、甜瓜的销售主要以批发为主，其中，小商贩上门收购和自己送去批发市场直销的比例大致相当。

三、品种表现与影响品种购买的因素分析

1. 主要栽培品种（表11）

①小型西瓜主要栽培品种包括"超越梦想"、"L600"、"京颖"、"京秀"、"京玲"等。

②中果型西瓜主要栽培品种包括"京欣2号"、"华欣系列"，"北农天骄"等。

③薄皮甜瓜品种主要是"京蜜11号"和"京蜜10号"。

④厚皮甜瓜品种主要是"伊丽莎白"、"一特金"和"久红瑞"等。

2. 品种优缺点

（1）品种优点

口感和产量是衡量品种优劣的两个核心要素，此外糖度也非

常重要（图7）。

表 11　西瓜、甜瓜主要栽培品种分布

品种类型		品种名称
西瓜	小型西瓜	L600、超越梦想、京秀、早春红玉、红小帅
	中型西瓜	京欣2号、北农天骄、麒麟、华欣系列、丽佳
甜瓜	薄皮甜瓜	京蜜11号、京蜜10号、竹叶青、羊角蜜
	厚皮甜瓜	伊丽莎白、一特金、久红瑞、一特白、郁金香

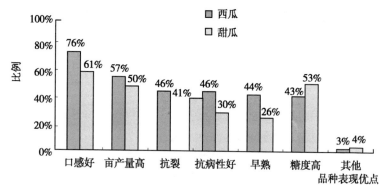

图7　西瓜、甜瓜品种表现优点分析

（2）品种缺点

裂瓜成为西瓜、甜瓜的主要问题（图8）。

对比品种表现的优缺点，可见，通过科学技术已使西瓜、甜瓜在品质和产量方面已有大幅提高，但是在抗裂、抗病水平上仍需努力。

3. 品种选择考虑因素分析

当农户进行品种选择的时候，考虑的首要因素是产量，其次是皮色、瓤色，这说明西瓜、甜瓜的外观也非常重要（图9）。

4. 品种选择影响因素分析

研究农户选择当前品种主要原因，市场需求毫无疑问排在第

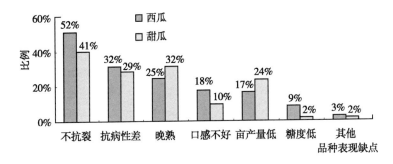

图8　西瓜、甜瓜品种表现缺点分析

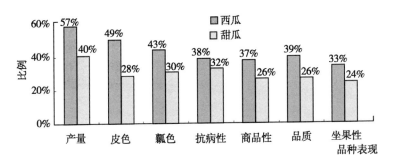

图9　西瓜、甜瓜品种表现考虑要素分析

一位，商品品质排第二位（表12）。

对于西瓜、甜瓜品种而言，品种的宣传推广对于种植户来说并不重要，只要产品卖得出去，产品质量有保证，他们就很难更换自己的品种。

表12　品种选择影响因素分析

	第1	第2	第3	第4	第5	平均重要性
市场需求	59%	17%	21%	3%	0%	1.68
商品品质（好看、好吃）	34%	45%	19%	3%	0%	1.91
作物抗病性（栽培容易）	21%	33%	35%	11%	0%	2.36
宣传推广力度	4%	14%	15%	67%	0%	3.45
其他	23%	8%	8%	8%	54%	3.62

四、栽培技术及生产者需求分析

（一）育苗

1. 育苗与买苗结构分析

调查表明，育苗和买苗的分布结构为只育苗：只买苗：既育苗又买苗的比例为 59%：23%：18%。

2. 买苗成本分析

农户能接受的嫁接苗价格是 1.2~1.5 元/株。购买渠道一般为周边园区或合作社育苗场。

3. 育苗成本分析

在北京市大兴和顺义等老瓜区，西瓜、甜瓜育苗基本是一家一户分散育苗，一般亩成本 300~600 元。只有个别大户进行育苗销售，但规模不大，10 万~20 万株。

全市集中育苗数量约 300 万株，仅能满足生产的 2.5%。农户买苗平均亩成本 1 680 元，占总成本的 33%~51%。

4. 育苗与买苗原因分析

育苗农户不买苗的主要原因有：53.4% 的农户认为苗质量不好，46.6% 的农户认为价格太高，19.9% 的农户认为供应时间不好。

买苗农户自己不育苗的主要原因有：65.2% 的农户没有育苗棚，32.6% 的农户认为育苗成本高，32.6% 的农户育苗技术差。

5. 育苗方式

育苗方式上，西瓜 95% 以上采用嫁接育苗，厚皮甜瓜以自根苗生产为主，薄皮甜瓜有 30% 采用嫁接苗。

在砧木的选择上 98% 的农户采用南瓜作砧木嫁接，2% 的农户选择用葫芦；嫁接方式主要为贴接和靠接，分别占 58.7% 和 33.9%。

除延庆县外，其余地方均采用营养钵育苗。其中，春大棚中熟西瓜育苗采用大钵育苗，一般选用 10cm×10cm 营养钵，以 5~6 片真叶大苗定植。

6. 嫁接方式

94%的农户采取嫁接方式。具体嫁接方式分布比例为贴接63%、靠接36%、劈接9%，数据表明，大多数用户只采用一种嫁接方式，只有少数农户采用了几种嫁接方式。

7. 砧木品种

砧木分布比例为大南瓜71%、小南瓜39%、葫芦2%，即大南瓜占据了主流。

（二）授粉

几乎所有农户均采用人工授粉，其比例高达97%；有16%的农户还采用了蜜蜂授粉；10%的农户采用座瓜灵辅助授粉。

授粉技术还有待进一步提升。

（三）设施情况

春大棚占80%，小拱棚、露地、秋大棚比例相近，温室只占8%，因此设施结构存在进一步优化的空间（图10）。

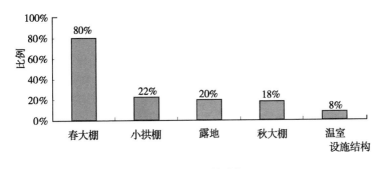

图10 设施结构分析

（四）肥水情况

1. 灌溉方式

漫灌为主，滴灌和微喷带没有得到普及（图11）。

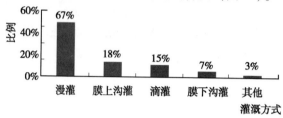

图11　灌溉方式分布

2. 追肥方式

以随水冲施为主，占91%（图12）。

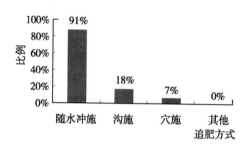

图12　追肥方式分布

（五）定植时间

多数集中在3月中旬至4月中旬。

（六）整地方式

小高垄和沟畦比重较大（图13）。

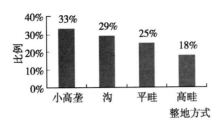

图13　整地方式－畦式

（七）整枝方式

76%的农户采取了地爬方式来整枝，30%的农户采取了吊蔓整枝方式，也就是说，少数用户同时采取两种整枝方式。

在保留蔓数上，90%的农户选择采取保留3条蔓，13%的农户选择保留2条蔓，几乎没有用户采取保留1条蔓。

（八）留瓜方式

以单株留瓜为计算标准，64%的农户选择1株1瓜，32%的农户选择1株2瓜，也就是说95%的农户选择每株保留1~2个瓜。

（九）密度

61%的农户会选择采取单行种植方式，40%的农户采取双行种植方式。平均种植密度小型西瓜1 065株/亩，中型西瓜654株/亩。

五、病虫害防治现状及生产者需求分析

（一）药物认知分析

1. 农药安全间隔期

调查表明，农户对于农药安全间隔期有一定的认知，但是鉴于安全间隔期的重要性，因而有必要加大培训力度（图14）。

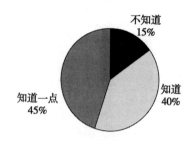

图14　农药安全间隔期认知程度

2. 药后采收习惯

有35%的农户选择"根据农时，该收就收"、1%的农户选择"打完就收"，留下了食品安全隐患（图15）。

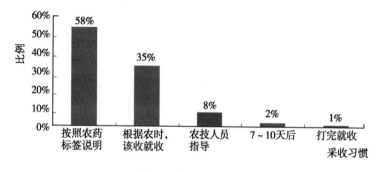

图15　药后采收习惯

3. 生长调节剂的使用观念

有63%的农户不赞成使用调节剂，这个指标是与上述农药使用安全有比较大的一致性，近六成的农户有安全生产意识（图16）。

4. 药害事故原因

如果发生药害事故，绝大多数农户都归咎为使用方法不当，24%的农户认为是农药的问题，天气问题归责占20%（图17）。

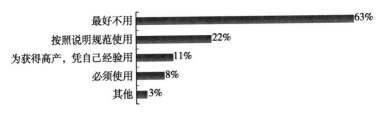

图16　生产调节剂使用观念

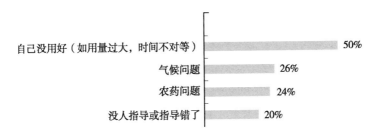

图17　药害事故可能产生原因

(二) 农药使用习惯分析

1. 农药选购方法

当农户选择购买农药的时候，主要关心农药的作用，其次农药含量，生产日期排第三，表明比较担心农药失效（图18）。

对于生产厂家，农户关心不大。也就是说，农户首重功效。

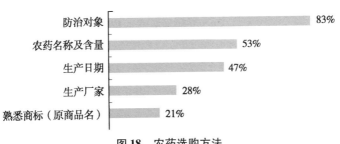

图18　农药选购方法

2. 农药使用情景

主要是两种代表性使用情景，实质上也是两种理念，一种是见虫就打，另一种是提前预防，两种的使用情景基本比例相当（图 19）。

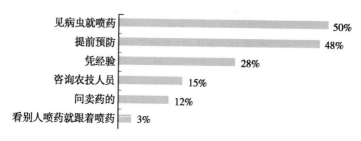

见病虫就喷药 　　　　　　　　　　50%
提前预防 　　　　　　　　　　　48%
凭经验 　　　　28%
咨询农技人员 　15%
问卖药的 　12%
看别人喷药就跟着喷药 3%

图 19　农药使用情景

3. 农药使用方法

在农药使用方法上，68% 的农户选择"多种农药混合喷施"，32% 的农户选择"提前喷施广谱性农药"。相对而言，一种农药单独使用的比例比较少，占 21%（图 20）。

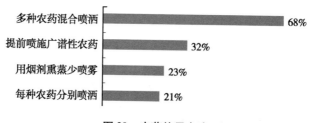

多种农药混合喷洒 　　　　　　68%
提前喷施广谱性农药 　32%
用烟剂熏蒸少喷雾 　23%
每种农药分别喷洒 　21%

图 20　农药使用方法

4. 药量使用方法

在药量使用方面，还有 1/3 的农户不会计算，凭经验、用药说明施用，因此，还需要对农户进行用药量方面的培训（图 21）。

（三）病虫害防治措施分析

在使用过预防措施的农户当中，97% 的农户选择使用黄板诱

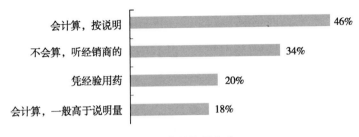

图 21　药量使用方法

虫方式来预防，其他方式渗透率比较低。

（四）主要病虫害分布

在发生过的病虫害当中，红蜘蛛、炭疽病、蚜虫位居前三，发生率超过 70%（图 22）。

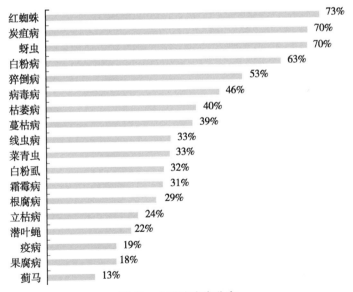

图 22　主要病虫害分布

（五）病虫害防治方法分析

从病虫害防治方法上看，各个生长期基本比较类似，略有差异。其中，喷雾是各个生长期最核心和最主要的防治手段（表13）。

表 13　病虫害防治方法分析

使用方法	苗期	伸蔓期	授粉期	坐果期
喷雾	83%	92%	90%	90%
拌土	22%	3%	2%	1%
熏蒸等	13%	14%	19%	22%
灌根	12%	12%	4%	7%

第四章　西瓜与甜瓜产业园区和合作社生产需求分析

中果型西瓜主要栽培品种包括"京欣2号"、"华欣系列"，"北农天骄"等，小果型（特色）西瓜主要栽培品种包括"超越梦想"、"L600"、"京颖"、"京秀"、"京玲"等（表14）。

薄皮甜瓜品种主要是"京蜜11号"和"京蜜10号"，厚皮甜瓜品种主要是"伊丽莎白"、"一特金"和"久红瑞"等。

表14　西瓜、甜瓜主要栽培品种

西瓜、甜瓜类型		主要栽培品种
西瓜	小型西瓜	L600、超越梦想、京颖、早春红玉、红小帅
	中型西瓜	京欣2号、北农天骄、麒麟、华欣系列、丽佳
甜瓜	薄皮甜瓜	京蜜11号、京蜜10号、竹叶青、羊角蜜
	厚皮甜瓜	伊丽莎白、一特金、久红瑞、一特白、郁金香

数据来源：农户调查

进一步对合作社和园区的产量进行对比，在产量上，合作社较高，西瓜和甜瓜亩产量分别为3 318.2kg和2 928.6kg，远高于园区西瓜和甜瓜亩产2 822.2kg和2 231.3kg；而在生产效益上看，则以园区的效益较高，西瓜和甜瓜的亩效益分别达到了3.9万元和3.2万元，是合作社效益的3倍左右（表15～17）。

数据表明，西瓜、甜瓜产业下一步的发展方向是要提升合作社的经济效益，要提高园区的亩产量。

表 15   合作社与园区产量和效益比较

	西瓜产量 （kg/亩）	西瓜产值 （万元/亩）	甜瓜产量 （kg/亩）	甜瓜产值 （万元/亩）
合作社	3 318.2	1.2	2 928.6	1.2
园区	2 822.2	3.9	2 231.3	3.2

数据来源：合作社、园区调查

表 16   不同生产单元销售方式比例　　　　　　　　（%）

	采摘	装箱	零售	其他
农户	5.2	2.8	7.5	84.5
合作社	19.1	30.1	26.5	38.3
园区	37.2	50.6	8.3	3.9

数据来源：合作社、园区调查

表 17   不同销售方式价格比较　　　　　　　　（元/kg）

		平均价格	采摘	装箱	零售	批发
西瓜	合作社	3.8	6.9	6.0	3.8	1.9
	园区	14.0	14.6	11.6	6.7	3.0
甜瓜	合作社	4.2	—	6.3	3.3	2.0
	园区	14.5	12.6	10.6	4.5	3.3

数据来源：合作社、园区调查

第五章 西瓜与甜瓜消费者分析

本次调查总体是在北京市原城八区中在过去一年中有购买过西瓜或者甜瓜的消费者，有效样本量为500。

调查时间是2013年11月3～7日。

调查方式为拦截访问，访问地点选取了各城区的大型超市、购物中心、农贸市场、社区便利店、水果专卖店、流动售卖点等，以保证各业态的代表性。

本次调查按照第六次人口普查数据进行了配额处理，以保证样本的代表性。值得注意的是，所代表的样本仅为城市居民的消费习惯（表18）。

表18 调查样本结构

人口变量		比例（%）
性别	男	49.6
	女	50.4
年龄组	15～24岁	26.2
	25～34岁	33.2
	35～44岁	20.5
	45～54岁	18.6
	55岁以上	1.5
文化程度	初中及以下	20
	高中/中专	24.6
	大专	21.2
	大学本科	28.2
	研究生及以上	6
家庭常住人口数		2.9人

下面将从习惯、偏好、渠道、影响因素等环节来分析消费者对西瓜、甜瓜的基本状况。

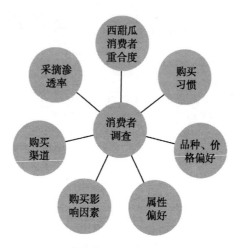

消费者需求分析架构

一、消费者重合度分析

在本次调查中，我们选取的调查样本总体是在过去一年中曾经购买过西瓜或甜瓜的消费者。结果表明，在西瓜、甜瓜的消费群中，二者消费者重合度为 64.78%，只吃西瓜占调查样本总体的有 33.12%，只吃甜瓜占调查样本总体的 2.1%（表 19）。

表 19　西瓜、甜瓜消费者交叉分析表

		甜瓜	
		有	没有
西瓜	有	64.78%	33.12%
	没有	2.10%	0

注：样本总体：过去一年中购买过西瓜或甜瓜的消费者

分性别来看，男性购买者和女性购买者存在明显差异，男性消费者的重合度为 54.43%，女性消费者的重合度为 75%，也就是说，女性比男性更加偏爱购买西瓜、甜瓜（表 20）。

表 20　西瓜、甜瓜消费者分性别交叉分析表（%）

性　　别		甜瓜		小计
		有	没有	
男	西瓜　有	54.43	42.19	96.62
	没有	3.38	0	3.38
	小计	57.81	42.19	100
女	西瓜　有	75.00	24.17	99.17
	没有	0.83	0	0.83
	小计	75.83	24.17	100

消费者在水果方面的支出结构结果表明，消费者在过去一年中在水果方面大约花费 1 720 元，在西瓜、甜瓜方面支出是大约 580 元，也就是说，购买西瓜、甜瓜费用占水果总支出的 1/3。

二、购买习惯分析

（一）购买月份分析

调查表明，西瓜、甜瓜作为一种长销品种，一年四季皆存在，成为居家必备良品。从购买月份上看，在 6~9 月是常销月，春节期间一二月构成西瓜的第二个长销季节。

从经常购买月份上看，在 6 月，早熟品种对市场起到预热作用，七八月处于正上市期间，成为主力销售月份，9 月则延续了七八月的消费惯性（表 21）。

表 21　消费者购买西瓜、甜瓜的月份分布　　　　（%）

		1	2	3	4	5	6	7	8	9	10	11	12
西瓜	购买过	21.77	17.86	5.75	8.21	23	73.51	96.71	92.4	51.54	19.3	7.8	9.24
	经常购买	0.82	0.41	0.21	0.82	2.87	30.8	80.9	70.64	10.06	1.23	0	0.62
甜瓜	购买过	5.59	4.04	4.35	6.83	18.94	52.17	86.02	81.99	49.38	22.67	6.52	5.28
	经常购买	0.93	0.31	0.62	1.24	6.52	19.57	63.66	54.97	13.66	4.35	0.62	1.24

（二）年总购买次数和次均购买量

1. 西瓜

西瓜消费者在一年中会买 29.4 次西瓜，平均每次买 4.15kg，其中，女性的购买次数多于男性，购买量少于男性（表 22）。

表 22　过去一年中西瓜购买次数和次均购买量

	样本总体	男	女
年总购买次数（次）	29.4	27.5	31.3
次均购买斤数（kg）	4.15	4.65	3.7

按照购买次数，我们进一步将消费者划分为重度消费者、中度消费者和轻度消费者。划分依据主要是西瓜的丰产期，几乎每天都买和每 2 天买 1 次的消费者为重度消费者，每周买 2~3 次为中度消费者，每周买 1 次及其以下者为轻度消费者（表 23）。

数据表明，有 27.6% 的购买者属于重度消费群，12.8% 的购买者属于中重度消费群，也就是说，40% 的消费者属于中度以上的消费群体；有 40% 以上的消费者属于中轻度和中度；轻度消费群体占到 15%。

表 23　消费者分层

购买次数	百分比（%）	消费者分层
1~9 次	15	轻度
10~19 次	24.6	中轻度
20~29 次	19.9	中度
30~39 次	12.8	中重度
40 次以上	27.6	重度

对每次平均购买西瓜量数值进行分段分析，28% 消费者每次平均购买 2.5kg 及其以下的西瓜，62.5% 消费者每次平均购买 2.5~5kg，9.5% 的消费者则平均每次购买 5kg 以上西瓜（表 24）。

表 24　西瓜次均购买量分布

每次平均购买量	百分比（%）
2.5kg 及其以下	28.0
2.5~5kg（含 5kg）	62.5
5kg 以上	9.5

2. 甜瓜

甜瓜消费者在一年中会买 13.3 次西瓜，平均每次买 2.35kg，其中，女性比起男性来，总购买次数略高于男性，次均购买量要略低于男性（表 25）。

表 25　过去一年中甜瓜购买次数和次均购买量

	样本总体	男	女
年总购买次数（次）	13.3	12.4	14
次均购买斤数（kg）	2.35	2.425	2.325

按照购买次数，我们进一步将消费者划分为重度消费者、

中度消费者和轻度消费者。这里划分依据主要是根据甜瓜的丰产期，几乎每天都买和每 2 天买 1 次的消费者为重度消费者、每周买 2~3 次为中度消费者、每周买 1 次及其以下者为轻度消费者。

数据表明，有 5.48% 的购买者属于重度消费群，2.58% 的购买者属于中重度消费群，有 74% 的购买者处于中轻度及轻度消费群，也就是说，绝大多数消费者购买甜瓜的目的导向型不强烈，甜瓜生产者及销售者需要加强这部分消费者的购买强度（表 26）。

表 26   消费者消费次数分层

购买次数	百分比（%）	消费者分层
1~9 次	38.71	轻度
10~19 次	35.81	中轻度
20~29 次	17.42	中度
30~39 次	2.58	中重度
40 次以上	5.48	重度

对每次平均购买甜瓜斤数进行分段分析，有 1/3 的消费者每次平均购买了 1.5kg 及其以下的甜瓜，37.62% 的消费者每次平均购买 1.5~2.5kg，约两成的消费者则平均每次购买 2.5~5kg 甜瓜，每次购买甜瓜超过 5kg 的不到一成（表 27）。

表 27   甜瓜次均购买量分布

每次平均购买斤数	百分比（%）
1.5kg 及其以下	33.23
1.5~2.5kg（含 5kg）	37.62
2.5~5kg（不含）	19.75
5.0kg 及其以上	9.40

（三）购买价格

1. 西瓜

由于西瓜在不同季节的价格差异明显，例如，丰产期间就会比较低，当刚上市或者濒临下市时则会偏高，调查只是测试消费者对于价位的感知，是否敏感等。

结果表明，消费者对于无籽西瓜的价格预期更加高些（表28）。

表28　不同消费者对各品种可接受正常价格表　　　（元）

	样本总体	男	女
无籽西瓜	2.1	2	2.1
中型有籽西瓜	1.8	1.5	2.1
小型有籽西瓜（1.5～2.5kg）	1.7	1.6	1.8

所谓不可接受的价格是指当价格从正常价格开始涨价，高到难以接受的程度并且不再购买的价格，总的看来，5元左右是消费者的一个心理域值（表29）。

表29　不同消费者对各品种不可接受价格表　　　（元）

	样本总体	男	女
无籽西瓜	5.9	6.4	5.5
小型有籽西瓜（1.5～2.5kg）	5.6	5.9	5.4
中型有籽西瓜	5	5.5	4.6

2. 甜瓜

由于甜瓜在不同季节的价格是不一样的，例如，丰产期间价格相对就会较低，当刚上市或者濒临下市时则会偏高，这里只是测试消费者对于价位的感知，是否敏感等。

调查表明，消费者对于哈密瓜的价格感知更加高些，其次则是薄皮甜瓜（表30）。

表30　不同消费者对各品种可接受正常价格表　（元）

	样本总体	男	女
哈密瓜	3.2	3.2	3.2
薄皮甜瓜	2.6	2.6	2.7
厚皮甜瓜	2.3	2	2.5

总的看来，5~6元是消费者对哈密瓜的一个心理门值。且其价格的影响，要略高于西瓜的感知价格（表31）。

表31　不同消费者对各品种不可接受价格表　（元）

	样本总体	男	女
哈密瓜	6.6	6.4	6.8
薄皮甜瓜	5.5	5.5	5.5
厚皮甜瓜	5.4	5.2	5.6

三、购买偏好

（一）西瓜

下面分别从瓜重、瓤色和质地来研究西瓜消费者偏好。

1. 瓜重偏好

11%的消费者喜欢购买6kg以上的大瓜，近四成半的消费者喜欢3.5kg以上大瓜；一半的消费者喜欢购买1.5~3.5kg的瓜；1.5kg以下的购买者只占3.08%。这也是跟目前主流的三口之家的社会形态相适应的（表32）。

表 32　西瓜瓜重偏好　　　　　　　　　　　（%）

	样本总体	男	女
1.5kg 以下	3.08	2.51	3.63
1.5～2.5kg	20.74	17.57	23.79
2.5～3.5kg	30.8	28.45	33.06
3.5～6kg	33.06	35.15	31.05
6kg 以上	11.09	14.23	8.06
其他	1.23	2.09	0.4

2. 瓤色偏好

本次对红色、粉红色和黄色的瓤色进行了调查。数据表明，在瓤色上，喜欢购买黄色瓤色的消费者只有 1.44%，也就是说，黄色基本不受消费者喜欢，只是作为一种品种丰富而存在，北京消费者喜欢的仍然是传统的红色系列西瓜（表33）。

在红色系列上，正统的红色和粉红色半分江山，分占近五成，其中，男性略微喜欢红色，女性略为喜欢粉红色。

表 33　西瓜瓤色偏好　　　　　　　　　　　（%）

	样本总体	男	女
红色	49.28	52.3	46.37
粉红色	49.28	45.61	52.82
黄色	1.44	2.09	0.81

3. 质地偏好

数据揭示，沙瓤的质地较受欢迎，有 62% 的消费者喜欢，其中，男性更为喜欢沙瓤质地些（表34）。

表 34　西瓜质地偏好　　　　　　　　　（%）

	样本总体	男	女
沙瓤	62.83	66.95	58.87
脆	36.55	32.64	40.32
其他	0.62	0.42	0.81

分年龄层来看，出现非常明显的规律，随着年龄的增长，沙瓤越来越受欢迎（图23）。

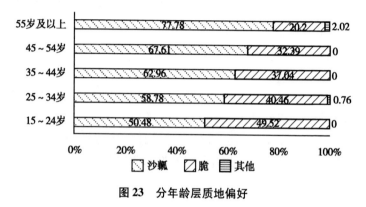

图 23　分年龄层质地偏好

（二）甜瓜

下面分别从瓤色、质地和皮色（外在颜色）来研究甜瓜消费者偏好。

1. 瓤色偏好

对甜瓜橙色、绿色和白色的瓤色进行了调查。数据表明，在瓤色上，橙色最受欢迎，白色次之（表35）。

喜欢购买橙色瓤色的消费者占58.7%，其次是白色，占23.6%，绿色只有16.15%的消费者喜欢。

分性别来看，男性更为喜欢橙色，女性对绿色有一定偏爱。

表35 不同消费者对甜瓜瓤色偏好 （%）

	样本总体	男	女
橙 色	58.7	65.22	53.8
白 色	23.6	22.46	24.46
绿 色	16.15	11.59	19.57
其 他	1.55	0.72	2.17

2. 质地偏好

数据揭示，"脆"占据了绝对垄断定位，受到72.36%的消费者喜欢，"面"和"软"分享其余份额（表36）。

从性别来看，女性更为喜欢软一点的甜瓜。

表36 不同消费者对甜瓜质地偏好 （%）

	样本总体	男	女
脆	72.36	73.91	71.2
面	14.29	15.94	13.04
软	13.35	10.14	15.76

从年龄层来看，出现非常明显的规律，随着年龄的增长，"面"会越来越受欢迎（图24）。

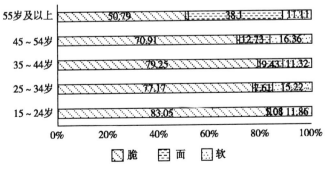

图24 分年龄层质地偏好

3. 皮色偏好

数据揭示，在皮色（外在颜色）上，消费者没有特别强烈的偏好，由于甜瓜系列的丰富性，各种皮色都为消费者所接受。其中，外表为绿色和金黄色的瓜色比较受欢迎些，其次则是白色和花色，浅黄色比较少人喜欢（表37）。

分性别来看，女性更为偏爱绿色，男性更为喜欢金黄色和花色。

表37　不同消费者对甜瓜皮色偏好 （%）

	样本总体	男	女
绿色	28.88	22.46	33.7
金黄色	27.02	30.43	24.46
白色	18.32	19.57	17.39
花色	16.77	21.74	13.04
浅黄色	7.14	4.35	9.24
其他	1.86	1.45	2.17

四、购买渠道分析

从购买渠道来看，西瓜、甜瓜的购买渠道比较相似，大型超市或购物中心是最重要的西瓜、甜瓜购买渠道，其次是水果专卖店和农贸市场，流动售卖点/小摊贩也是购买渠道的有机组成部分（表38）。

表38　购买渠道分布 （%）

	西瓜	甜瓜
大型超市/购物中心	57.7	60.56
农贸市场	37.17	37.27
水果专卖店	36.34	38.2
流动售卖点/小摊贩	30.8	26.4
社区便利店	23.2	24.22
水果批发市场	9.86	9.94
其他	0.82	0.31

五、要素重要性分析

(一) 西瓜

购买西瓜的时候，一般会从口感、外观、价格、安全性、大小等环节来考虑。

若分别以 1～5 表示重要性，以"1"表示最重要，"5"表示最不重要来衡量上述五大要素的重要程度。调查结果泾渭分明，在五大要素中，口感排在第一位，获得 1.5 的高分；其次是安全性，分数为 2.49；价格排在第三位，分数为 2.91；外观位居第四位，大小则排在末位。

安全性高居第二位，说明了西瓜膨大素、催红素等阴影仍然让消费者望而生畏，需要西瓜生产者和技术指导单位做出更多的努力来消除这些足以影响整个西瓜产业的负面事件。

针对瓜的大小，由于西瓜在实际售卖过程中，大瓜会根据实际需求分割为小瓜出售，因而重要性最低（表 39）。

表 39　西瓜各要素重要性分布　　　　　　　　（分）

	样本总体	男	女
口感	1.5069	1.5104	1.504
安全性	2.4887	2.6067	2.3749
价格	2.9114	2.8371	2.9838
外观	3.7478	3.5977	3.8914
大小	4.2755	4.3306	4.2214

(二) 甜瓜

调查结果与西瓜的购买要素重要性完全一致，在五大要素中，口感排在第一位，获得 1.49 的高分；其次是安全性，分数为 2.7；价格排在第三位，分数为 2.84；外观位居第四位，大小则排在末位（表 40）。

西瓜和甜瓜的购买要素重要性的一致性说明了对于食品而言，食品自身品质是第一位的，安全是第二位，定价是第三位，外观和大小都排在最后。

表 40　甜瓜各要素重要性分布　　　　　　　　　　　（分）

	样本总体	男	女
口感	1.49	1.45	1.53
安全性	2.70	2.91	2.55
价格	2.84	2.71	2.93
外观	3.70	3.64	3.74
大小	4.23	4.22	4.24

六、常见瓜型偏好

（一）西瓜

对市场上常见的几种西瓜进行了调查，如图 25 所示，分别标识为 1 号、2 号、3 号、4 号瓜。

数据表明，消费者对瓜型的喜欢程度非常趋同，64.4% 的消费者喜欢 1 号瓜，30.86% 的消费者喜欢 4 号瓜，选择 2 号和 3 号瓜型的占比非常低（表 41）。

表 41　西瓜瓜型偏好　　　　　　　　　　　　（%）

	样本总体	男	女
1 号	64.4	59	69.64
4 号	30.86	35.15	26.72
2 号	4.12	4.18	4.05
3 号	4.12	4.6	3.64

图25　西瓜品类

（二）甜瓜

对市场上常见的几种甜瓜进行了调查，如图26所示，分别标识为1号、2号、3号、4号、5号瓜（表42）。

数据表明，有四成的消费者表明喜欢上述图片中的第1号瓜，3号、4号、5号瓜的喜爱程度差不多，2号瓜最不受消费者喜欢。

表42　甜瓜瓜型偏好 （％）

	样本总体	男	女
1号	40.19	38.97	41.11
4号	24.37	22.06	26.11
3号	21.84	22.79	21.11
5号	18.67	19.85	17.78
2号	2.85	2.94	2.78

图26 甜瓜品类

七、采摘分析

（一）西瓜

调查表明，在过去一年中，有8.83%的消费者采摘过，且大约八成的消费者采摘过1次，有两成的消费者采摘过多次（表43）。

表43 采摘次数

	样本总体	男	女
1 次	79.07	77.27	80.95
2 次	16.28	22.73	9.52
3 次	2.33	0	4.76

（二）甜瓜

调查表明，在过去一年中，0.93%甜瓜购买者采摘过甜瓜，相比较西瓜采摘而言，市场渗透率较弱，需要加强推广力度。

第三部分 结论与建议

　　北京市西瓜、甜瓜产业作为首都特色农产品供应成为北京农业的一项重要产业，在满足市民消费需求、解决京郊农民就业、增加农民收入等方面起到了一定的作用，而且在品牌建设和活动开展等方面也起到了带动作用，对全国西瓜、甜瓜产业发展起到促进作用。但是，从团队的调研过程中发现北京市西瓜、甜瓜产业还存在一定的问题，以下从育种环节、种子处理环节、育苗技术环节、农机和设备环节、栽培技术环节以及病虫害防治与植物生长调节剂使用情况环节等六方面进行分析并提出未来发展建议。

第六章　西瓜与甜瓜产业问题分析

一、品种分析

（一）西瓜

调查结果表明，北京地区西瓜品种已改变了原有的品种混杂的现象，正逐步形成中果型、小果型等几大主流品种。中果型西瓜栽培品种主要包括"京欣二号"、"华欣系列"，"北农天骄"等，小果型西瓜栽培品种主要包括"超越梦想"、"L600"、"京颖"、"京秀"等。目前西瓜品种存在的突出问题如下。

1. 中果型西瓜品种的耐裂性差、品质存在提升空间

北京地区主要种植的中果型西瓜品种包括"京欣 2 号"、"华欣系列"，"北农天骄"等，占种植面积的 90% 以上，其突出优点是早熟、高产、外观好、品质优，多年以来一直深受北京地区瓜农及消费者的喜欢，但其最大缺点是抗裂性差。调研结果显示，受品种、气候、栽培等原因的影响，2013 年春，北京地区中果型西瓜裂果率达到 10%～20%，裂果率最多的达到 50% 左右，造成较大的经济损失，严重挫伤了瓜农种植西瓜的积极性。因此，在提高品质及产量前提下，如何解决西瓜在逆境下耐裂性问题是今后西瓜育种工作的重点。

2. 设施专用小果型品种西瓜缺乏

目前，北京市大力发展都市型现代农业，强调北京农业要发挥生产、生活、生态和示范四大功能，西瓜、甜瓜生产也从单纯的生产向旅游、观光、采摘等方向发展。因此，小型西瓜品种的

优劣对北京都市型西瓜产业的发展起到关键性作用。针对不同的设施对品种的不同要求，要加强设施专用型小果西瓜品种的选育。例如温室生产要求西瓜肉质松脆、耐低温；大棚生产要求肉质稍硬，耐低温和高温。

3. 缺乏满足市民需求的中小果型西瓜

在品种选择上，消费者与生产者有较大的差异。调查显示，农民将皮色、产量和抗性因素排在品质之前，而消费者最看重品质，对皮色并不看重；在果型大小上，瓜农主要种植 3.5kg 左右的中果型瓜，而消费者偏向于 2kg 左右中小型瓜，对市场近几年发展较快的小型西瓜（0.85kg 左右）选择比例偏小；在质地方面，沙瓤类型和脆瓤偏好比例相当，但年龄越小越偏向于脆瓤类型。所以随着人民生活水平的提高，观光采摘园区及合作社的扩大，2kg 左右高产优质中小果西瓜品种是将来西瓜育种的必然趋势。

4. 缺乏满足农民需求的省工、抗病西瓜品种

根据本次调研结果，从各项农资投入可以看出，西瓜、甜瓜亩均年投入约 4 877 元，所有投入中劳动力成本（包括自己的劳力）所占比例最高，达到 33%，从业人员平均年龄为 47.67 岁，以 44 岁为分界线，年龄小于 44 岁的占 34%，44 岁及以上年龄所占比例高达 66%。初中文化程度的占 60% 以上，所以随着劳动力成本的增加，老龄化的加剧，既抗多种病害又不用整枝打杈的西瓜品种会深受农户的欢迎。

（二）甜瓜

调查结果表明，目前甜瓜品种存在的突出问题如下。

1. 缺乏适宜京郊种植的高品质中小型哈密瓜品种

哈密瓜作为高端甜瓜，有很大的消费群体，对 500 名消费进行问卷调研，调查表明，哈密瓜品种渗透率、市场占有率以及市民喜爱程度非常高，而目前北京市哈密瓜种植面积较少，自主品种稀缺，大多从外省市引进，亟须收集广泛的中小型哈密瓜品

种，进行筛选、分离、组合等工作的开展。

2. 缺乏早熟绿皮绿肉薄皮甜瓜品种

最近两年，北京市薄皮甜瓜种植面积在逐步增加，尤其是绿皮绿肉的薄皮甜瓜更受欢迎。而就绿皮绿肉的品种来讲，存在两方面的问题。对于近两年开始种植薄皮甜瓜的区域来说（如顺义区松各庄村）种植品种较多，包括"京蜜10"、"京香脆玉"、"绿宝"、"墨宝"等近10个市场成熟品种，但大都是孙蔓结瓜，生育期较长，成熟较晚；而对于有常年种植甜瓜的区域来说（如顺义后陆马）种植品种比较单一，主要是"竹叶青"，该品种虽然有一定的销售渠道，但产量低，因此，需培育早熟绿皮绿肉薄皮甜瓜新品种。

3. 缺乏抗白粉病薄皮甜瓜品种

从目前北京地区栽培结构来看，薄皮甜瓜占有一定比例，调研结果显示，薄皮甜瓜白粉病对整体的产量和商品性产生很大影响，农户对抗白粉病的薄皮甜瓜品种需求较大。

4. 需要进一步丰富观光园区特色甜瓜品种

对市民进行调查发现，在瓤色上，橙色最受欢迎，白色次之。喜欢购买橙色瓤色的消费者占58.7%，其次是白色，占23.6%，瓤色为绿色只有16.15%的消费者喜欢；同时口感为"脆"品种占据了绝对垄断定位，受到72.36%的消费者喜欢；而在皮色（外在颜色）上，消费者没有特别强烈的偏好，由于甜瓜系列的丰富性，各种皮色都为消费者所接受。其中，外表为绿色和金黄色的瓜色比较受欢迎些，其次则是白色和花色，浅黄色比较少人喜欢。因此，甜瓜品种引进和开发需要具有针对性，能够市场需求推广品种，同时应该对高档、高品质甜瓜品种消费进行引导。

二、砧木选择

现代瓜类蔬菜嫁接研究始于1925年的日本和韩国，最初主要是利用葫芦砧木防治西瓜保护地生产的连作障碍。20世纪30年代逐渐扩展到网纹甜瓜、黄瓜等果菜类，但嫁接栽培的推广、普及则在50年代以后。至80年代，嫁接栽培已遍及日本、韩国。90年代日本瓜类的嫁接栽培面积已达到总面积的60%、保护地栽培面积的90%以上。

迄今为止，国外学者的研究普遍认为嫁接技术的使用是克服瓜类蔬菜栽培中土壤连作和土传病害的最有效和快捷的措施。

根据此次调研，北京地区尤其是中果型西瓜嫁接砧木仍然使用80年代日本的新土佐砧木类型砧木，对西瓜的品质有一定影响，且面对日益严重的新土传病害，新土佐砧木抗性较差，所以要保证西瓜、甜瓜的安全生产，研发适于西瓜、甜瓜嫁接的专用抗病砧木品种尤为重要。

三、种子处理

西瓜、甜瓜种子可以传播枯萎病、蔓枯病等真菌病害，细菌性果斑病等细菌病害以及花叶病等病毒病害，直接影响西瓜、甜瓜的育苗成活率以及种苗的健康状况，从而给田间生产造成极大的危害。

据报道，细菌性果斑病在育苗阶段即可造成嫁接幼苗大量死亡，每年给全国西瓜、甜瓜嫁接苗生产带来的直接经济损失超过8 000万元，这充分说明种传病害的危害之大以及种子处理的必要性。

目前，围绕北京地区西瓜、甜瓜种子处理还存在以下几方面的问题。

①北京地区主栽的西瓜、甜瓜品种种子健康状况未知，是否携带重要的病原菌尚不清楚，需开展全面的检测。

②当前在市场上销售的西瓜、甜瓜种子基本未进行种子处理或种子包衣，少部分种子即使进行过种子处理，但其处理是否具

有针对性以及处理后的效果如何没有相关机构进行检测和发布。

③种植户对西瓜、甜瓜种子处理的作用认识不足，往往不进行种子处理或盲目进行种子处理，从而给种子发芽和幼苗出苗带来一定的影响。

④国内外普遍采用的种子包衣技术在西瓜、甜瓜种子上应用极少，所能检索的资料表明只有咯菌腈、甲霜百菌清这两种悬浮种衣剂在西瓜、甜瓜种子上应用。

因此，在全面明确西瓜、甜瓜种子健康状况的基础之上，系统研究开发推广用于种子处理的技术，为西瓜、甜瓜工厂化育苗以及预防田间病害的发生提供技术支持和物质保障，从而促进北京地区西瓜、甜瓜产业的快速、健康发展。

四、种苗繁育

1. 育苗环节存在的主要问题

①嫁接效率低（如采用靠接的方式，每个工人每天嫁接约600株苗，每株嫁接人工成本达到0.15元）。

②高脚苗和"不出心"，猝倒病普遍发生。

③商品苗品种以次充好、大小不齐、带菌、价格较高。

2. 造成上述问题的主要原因

①育苗棚条件差，缺乏加温设备，采用靠接的成活率高；遇到阴天棚内温度低、湿度大，容易导致"不出心"和猝倒病发生。

②2013年1—2月雾霾天气较多，低温寡照导致"不出心"。

③农民技术需要更新和提高。对效率较高的嫁接方式不了解，对苗期温湿度控制技术不高。

④没有集约化育苗规范和商品苗标准，市场上商品苗不多，育苗销售单位质量控制不严。

3. 措施

基于以上分析，要提高育苗效率，需要做到以下几点。

①一是要改善现有育苗条件，在育苗棚增加温湿度调控设施，对现有育苗棚进行简单改造，针对通电和不通电分别进行处理；通电的育苗棚增加地热线，开展育苗棚补光灯应用研究和示范。不通电的育苗棚增加土炕或临时加温块。

②二是研发集约化育苗技术，建设商品苗集约化育苗场，提高质量、降低成本；

③三是开展嫁接育苗技术培训，重点是温湿度控制和贴接方法。

五、农机与农资

存在的主要问题是设施生产配套机械少、容易买到假种子、假化肥，买苗的质量差。

主要原因是农资购买渠道较杂，农民对化肥的鉴别缺乏知识。

解决的办法有二：

一是引进推广适宜设施生产的农机和设备；

二是开发推广产品包，包括种子包、增温保、营养包、灌溉包、病虫害防治包等，促进西瓜、甜瓜生产规范化、标准化。

六、栽培管理

栽培环节从农民生产环节存在的直接问题和产业发展存在的间接问题两个方面进行分析。

（一）直接问题

根据受访者直接反映，栽培方面存在的主要问题按重要性排序依次为：裂瓜；掉瓜；小型西瓜不易坐果；定植后烧苗；小型西瓜上市晚；有畸形瓜和空心瓜。其中，裂瓜为多途径问题，涉及品种、栽培管理及病虫害防治3个环节，其余为单途径问题。具体原因分析如下。

1. 裂瓜和掉瓜

中果型西瓜裂瓜主要发生在4kg大小、成熟前10天左右，出现烂蔓、叶片有黑色斑点等伴随症状。主要原因为：品种抗裂性不足；疑为病害；水肥管理不当，营养不均衡，特别是中微量元素缺乏。

小型西瓜裂瓜和掉瓜主要发生在两个阶段，即瓜为鸡蛋大小时的膨瓜初期和果实成熟前的膨瓜后期。前期发生的主要原因疑为使用"座瓜灵"浓度过大。后期发生除与中果型西瓜相同原因外，还有绑瓜方法不正确的因素。

2. 小型西瓜不易坐果

小型西瓜不易坐果产生的直接原因有有雌花无雄花、雄花花粉少、雌花瓜胎小等，深层次的原因一是温度管理不当，苗期至伸蔓期（2叶1心至6叶1心）白天温度较低，导致雄花发育不良，缺少雄花和花粉活力不足；伸蔓期夜温过高，导致雌花发育不良，不易坐果；二是伸蔓期水分供给过大，植株营养生长旺盛，不易向生殖生长转化（现在一般的施肥制度是底肥量大，客观造成前期肥随水走的现象）；三是授粉期遇阴雨天，雌花不开放。

3. 定植后烧苗

主要原因是使用未经腐熟的鸡粪作为有机肥，幼苗根系接触到鸡粪后产生毒害；另外，早期扣棚增温管理，棚内有害气体较多，产生毒害，苗变黄，叶缘出现枯萎。

4. 上市时间晚

上市时间晚直接原因是定植晚，到3月下旬定植。深层次原因一是农民缺乏早收技术；二是采用大水漫灌的浇水方式不利于抢早。

5. 畸形瓜、空心瓜

畸形瓜和空心瓜产生的原因主要是膨瓜期温度和水分管理不当造成。

（二）间接问题

北京市西瓜、甜瓜产业应以优质、高效为定位，但目前生产中品质和效益均存在一定的上升空间。

1. 品质还存在提升空间

目前，西瓜、甜瓜生产中的新技术应用率还比较低，尤其是水肥一体化、生物菌肥、中微量元素、种子处理、土壤消毒、病虫害立体防控措施（生物防治、物理防治、温湿度合理管理避免病虫害发生）等优质安全生产技术还存在很大的推广空间，科研和推广部门应加强这部分技术的研究、示范和推广，进一步提高北京市西瓜、甜瓜的商品品质，生产达到无公害要求，走高端发展路线。

2. 效益还存在提升空间

除受访者直接反应的问题外，通过对比不同受访者的生产过程，还存在着以下几个生产问题。

一是资源利用率不高。主要表现在肥料利用率不高、滴管微喷带利用率低、农药利用率低等方面；其中顺义地区基肥中化肥使用量大，达到 100kg/亩，后期不施用膨瓜肥，大兴部分地区膨瓜肥含氮量较高、含钾量少，施用量大，肥料利用率不高；水肥一体化技术在省工、水、肥精确控制等方面有明显的优势，但在一家一户生产的地区无法推广，主要原因是配套的滴灌设备无法使用和市场上可溶性肥料较少、价格较高。近几年通过试验使用微喷带代替滴灌设备，还存在着接口不配套和施肥罐需要增压的问题。菌肥、微肥能提高西瓜、甜瓜品质、增加座果率，并能提高地温、减轻病害，但目前农民认可度低。

　　二是土地产出率不高。据北京市农业技术推广站统计，全市2013年度开展了西瓜高产创建示范点38个，日光温室小西瓜2013年平均亩产量达到3 470 kg，最高亩产量达5 115.8 kg；春大棚中果西瓜平均亩产达到4 863.0 kg，最高亩产量达5 558.0 kg；春大棚小西瓜2013年平均亩产量达到4 502.3 kg，最高亩产量达7 336.1 kg。无论是日光温室、春大棚中果西瓜还是春大棚小果西瓜可以提高14%～63%的产量空间。而目前全市的薄皮甜瓜生产技术水平相对较低，平均亩产只有3 023.5 kg，与高产区乐亭等地的薄皮甜瓜产量达到5 000 kg目标还有一定的距离。

　　三是劳动生产率不高。据调研数据分析，京郊瓜农户均种植西瓜、甜瓜的面积不等，户均种植西瓜、甜瓜面积为5.0亩，农机使用量比较低，目前，在生产中只有整地普遍存在适用农机的，而集约化育苗、蜜蜂授粉、设施智能温度调控（制动开闭封口）、卷帘机省工技术应用度比较低；蜜蜂授粉在小型西瓜和薄皮甜瓜上效果较差。通过引进、研发、示范和推广相关设施设备和机械以及相关生产技术，提高资源利用率、土地产出率和劳动生产率，从而提高北京市西瓜、甜瓜产业效益。

表44　西瓜高产创建点产量和效益分析

种植类型	示范点数（个）	示范点面积（亩）	亩产（kg）	全市最高单产（元）
日光温室小西瓜	10.0	33.1	3 470.0	5 115.8
春大棚小西瓜	13.0	65.0	4 502.3	7 336.1
春大棚中果西瓜	15.0	55.0	4 863.0	5 558.0

　　数据来源：北京市西瓜、甜瓜2013年高产创建总结

　　3. 延庆7～9月的优势没有发挥出来，仅供应当地

　　北京市西瓜、甜瓜以大兴和顺义为主要种植区，但该区域西瓜、甜瓜上市时间以5～6月和7～10月为主，与市民消费旺季

7～8月份不同步；而延庆县由于光照足、温差大，气候条件又与别的区县存在差异，其生产的西瓜、甜瓜不但品质好，而且上市期为7～8月，正好填补消费旺季北京地产西瓜稀缺的现象，但是目前，延庆县年产瓜量仅为903t，仅占全市总产量的0.37%。因此，如何更好地发挥延庆区域优势，使市民能在消费旺季吃到北京地产西瓜成为一个很重要的问题。

七、病虫害防控

北京市作为我国的首都，其农业是都市型农业的典型代表，有关部门长期以来一直非常重视新型农业技术在生产中的示范和推广应用，逐步形成了首都西瓜、甜瓜生产特有的优势和特色。但相比较其他的省份，北京地区西瓜、甜瓜的种植面积相对较小，因此围绕西瓜、甜瓜开展的研究、推广工作主要集中在育种、栽培模式等方面，针对北京地区西瓜病虫害发生规律及其防治的系统研究很少，导致直接借鉴其他省份相对成熟的技术进行西瓜、甜瓜病虫害的防治，但这种方式存在着与北京当地茬口、栽培品种、种植方式、生态条件是否匹配等一系列问题。通过调研和分析，北京地区病虫害防控方面存在的具体问题如下。

（一）种植者对病虫害的发生和危害认识不足

目前，北京地区种植户多数是为"三八四零"或"三八五零"军团，外来人员租赁种植现象也较为普遍，生产者自身技术水平和综合素质较低，接受病虫害先进防治理念和技术能力有限；缺乏对病虫害的正确认识，对"预防为主，综合防治"的植保方针贯彻不力，往往凭借自己的生产经验或习惯进行病虫害的防治。

由于生产者的传统生产模式、生产习惯、个人意识及用工成本的限制，往往只高度重视棚室内的病虫防治，生产前不注重田园卫生，给病虫的繁殖、孳生和避难提供了有利场所，生产中田间管理落后，病虫源头污染严重，摘除的病叶、病果和病枝随地乱扔，生产后带有许多病菌、害虫、虫卵、虫蛹的植株残体随地堆放，风吹雨淋使病虫自由传播，循环为害。特别是对一些寄主范围广泛的病虫害，起到了推波助澜的作用。

目前，在北京地区瓜田与菜地毗邻，露地与大棚相间非常普遍，这种生产环境给病虫的孳生、辗转提供了有利条件，病虫害发生种类、时期、发生场所都与大面积种植密切相关。面对北京地区生产中如此复杂繁多的病虫种类，瓜农自己不能准确识别，不知道具体如何防治，多数农民习惯于根据自己已有的经验防治病虫害，或者将外地作物病虫防治经验照搬应用到北京地区，将一种病虫的防治方法直接转用在另外一种完全不同的病虫，甚至病害与虫害防治方法混用、乱用，给自身、社会和消费者带来诸多问题。

（二）设施栽培模式的推广导致土传病害逐年加重

由于设施一经建成很难移动，相对稳定的生态环境为许多病虫提供了良好的繁殖、越冬场所。随着种植年限加长，品种结构不断变化，病虫种类越来越多，老病虫抗性越来越强，尤其是在土壤中逐年累积的病原菌导致西瓜、甜瓜土传病害发生危害逐步加重。据调查，如果不嫁接，西瓜枯萎病能引起死秧达30% ~ 60%；根结线虫病目前在很多瓜田特别是保护地普遍发生，西瓜、甜瓜年损失可达3 000元/亩以上。

（三）新生病虫害不断增加，存在疑难病虫爆发隐患

随着人们对西瓜、甜瓜品种、花样要求的提高，新砧木、新品种不断引进，国内外、省际间、地区间交通物流日益频繁，使多种危险性重要病虫随之带入，扩展繁殖，大肆危害，导致北京地区新生病虫害种类不断增加。

此外，北京地区种植西瓜、甜瓜品种多、茬口多，使得西瓜、甜瓜病虫害发生情况相对复杂，真菌、细菌、病毒、线虫或生理病害相互交叉发生，症状表现随生产条件、植株发育阶段呈现出多样化复杂特征，典型症状常被掩盖，不同病害表现出类似的发病特征，给病虫害准确识别带来了难度，同时出现一些疑难病虫害。

（四）农药使用量过大，施药机械相对落后

适宜的农药种类和剂型、合适的施药剂量、合格的施药机械、科学的施药技术等四个重要环节缺一不可才可实现科学合理地使用化学农药。目前，生产中农药使用存在以下主要问题。

①不能对症下药且不能适期用药，无形中加大农药用量。

②部分农药的剂型缺陷导致农药有效利用率仅 20% ~25%。

③适用于当前生产条件的施药器械比较落后，北京地区约90%的瓜农防治病虫仍采用背负式喷雾器，"跑"、"冒"、"滴"、"漏"现象严重。

④配药随意、不准确。约 80% 农民采用估计的方法将药剂直接导入喷雾器，凭感觉估计加水稀释，约 60% 农民用瓶盖作为量具估计农药分量，使该浓的药液用药量不够，施药后没有效果或效果不好，人为诱导病虫迅速产生抗药性；或者是该稀的药液加农药过量，形成不必要浪费，造成农药不必要浪费和污染现象十分严重。

（五）病虫抗药性呈加重趋势

在调研过程中，多数种植户反映"用药越来越不灵"，这是因为在进行西瓜、甜瓜病虫害防治时过分依赖化学农药、不科学使用化学农药以及单一长时间使用同一种化学农药而导致北京地区西瓜、甜瓜病虫抗药性的产生并且呈现加重趋势。

（六）农药残留存在一定隐患

西瓜、甜瓜病虫抗药性的产生以及种植户对西瓜、甜瓜外观的追求，从而使种植户反复多次用药，加大用药量，这不仅造成环境污染、生产成本增加，还存在农药残留超标的隐患。

据北京市植保站调查，北京地区西瓜、甜瓜（特别是甜瓜）每年用药达 18 次之多，仅次于设施蔬菜，农药使用量为外省市的 1.5 ~ 2.0 倍甚至更高。

而且多数种植户没有农药使用持效期和安全间隔期的概念，随意增加农药用量、多种农药混用、缩短施药间隔时间，在安全间隔期内施药等现象比较普遍，这些也给农药残留超标带来一定的隐患。

第七章　西瓜与甜瓜产业发展建议

一、产业定位与发展方向

（一）产业定位

北京市自然与人力资源短缺，目前，西瓜、甜瓜 19.97%（2012 年）的自给率还不能满足基本的保障需求。客观事实表明，北京市西瓜、甜瓜产业不利于通过规模扩张来提高自给率。

按照北京市都市农业提出的市农业应以"四化"（生产水平现代化、农业产业形态高级化、经营方式现代化、服务方式现代化）为标志，为满足首都市场鲜活安全农产品和高端特色农产品的需求提供基础性保障的都市型现代农业定位，未来北京市西瓜、甜瓜产业应是"优质、高效"的产业定位。

优质是指通过自育或引进筛选高品质、高抗性的优良品种，采用精细化栽培技术，运用绿色防控技术，在保证质量安全的基础上提高西瓜、甜瓜商品品质。高效是指通自育及引进筛选高产、高抗以及多样化优良品种，采用集约化、精细化、轻简化栽培技术，运用绿色防控技术，开发休闲采摘功能，加强品牌营销，提高西瓜、甜瓜产业的资源利用率、劳动产出率和土地生产率。

（二）发展方向

以"优质、高效"为发展方向，通过系列技术措施，确保北京市西瓜、甜瓜安全供应，发挥科技创新和示范推广的辐射带动作用。

①产前开发优质新品种、农资包等提高产品品质和采摘功能，确保产前投入品安全性。

②产中发展集约化育苗，病虫害绿色防控，自动化、精准化温湿度控制和水肥一体化管理，采用蜜蜂授粉，降低劳动强度和投入，提高资源利用率。

③产后利用现代化信息采集设备收集汇总市场供需和价格信息，分析预测市场价格变化的规律和特征，把握市场变化趋势，研究设计市场营销策略与风险管理工具，引导瓜农合理有序的调整种植面积和产业结构，提升产品市场竞争力和抗风险能力。

以一村一品重点村、合作社及园区为重点对象：

重点村以轻简、高产、高效为主，采用高产抗裂品种，集成轻简化技术，降低农民劳动和成本投入，提高经济效益；合作社以轻简、高产、高效为主，采用集约化生产管理模式，开发品牌化产品，提高经济效益；园区以品种优质化、多样化、延长采摘期为主，推动轻简化、精准化技术为中心，提高品质、丰富品种类型、加强营销策略，提升品牌竞争力。

通过 5 年工作促进京郊西瓜、甜瓜产业由农户向合作社方向发展。

（三）发展重点

北京市西瓜、甜瓜产业应以"优质、高效"为定位，主要包含以下 4 个方面内容。

①提高组织化程度，推动园区、合作社家庭农场等业态发展，提高组织化、标准化生产比例和水平，提高农机、植保社会化服务能力，提高采摘和装箱等品牌化销售比例，提升品牌竞争力，实现产业融合发展。

②发挥首都科技和市场优势，选择优质品种和栽培方式，通过关键技术应用，提高质量，在食用品质、安全性、外观等方面

与外地西瓜错位竞争，提高北京西瓜、甜瓜产业竞争力。

③通过集约化、轻简化及精细化生产技术应用，稳步提高单位产出率、劳动生产率、资源利用率，降低生产成本，提高产业效益。

④提高产业抗风险能力。对西瓜、甜瓜生产经营过程的风险进行监测及预警，创新西瓜、甜瓜生产及市场风险的管理工具，设计市场化风险管理工具与政策性风险管理措施的优化组合模式，提出北京西瓜、甜瓜产业风险有效管理体系，保障西瓜、甜瓜可持续发展。

二、实施措施

（一）实施目标

根据北京市西瓜、甜瓜产业定位与发展重点提出以下具体实施措施。

①按照区域比较优势原则，优化组合生产要素，提高西瓜、甜瓜品质，发展优质、高端品牌。

②积极发展生态型西瓜、甜瓜产业，提高单位面积产出率、劳动产出率及资源利用率，提高北京市西瓜、甜瓜效益。

③推动社会化、专业化生产经营，通过园区、合作组织辐射带动和市场引导，提高农户组织化水平。

（二）实施步骤

一是以提高品质、抗性和产量为目标，初步构建联合育种体系，选育适宜北京西瓜、甜瓜生产的优质、抗裂、省工、抗病的西瓜、甜瓜品种，选育综合抗病性强的砧木品种。

二是以降低发病率、减少施药次数、提高食用安全性为目标，建立绿色防控体系，研发病虫害大处方包。

　　三是以提高品质和"三率"为重点，开展集约化、精准化、轻简化栽培技术的研发和集成，并推广应用。以产业可持续发展为方向。监测西瓜、甜瓜生产风险，分析评估市场风险，研发风险管理工具，构建风险管理体系和平台，提高产业抗风险能力。

附　　录

附录1　调查样本园区和合作社名单

园区/合作社	名称
园区	北京乐平御瓜园
	世同瓜园
	小李瓜园
	北京顺沿特种蔬菜基地
	老宋瓜园
	北京市金福艺农科技集团有限公司
	北京碧海园生态农业观光有限公司
	北京市圣农园农业发展有限公司
	密云康顺达农业科技有限公司
农民合作社	北京市晨辉农产品产销专业合作社
	北京市庞安路西瓜专业合作社
	北京市爱农农产品产销专业合作社
	北京市李家巷西瓜产销专业合作社
	北京市赵家场春华西瓜、甜瓜产销专业合作社
	兴海堂采摘园
	小珠宝瓜菜合作社
	北京市松各庄瓜菜产销专业合作社
	北京沿河绿地种植合作社
	北京市延康情果蔬专业合作社
	北京兄弟新贵种植专业合作社

附录 2 消费者调查样本量

行政区域	样本量
海淀区	100
西城区	60
宣武区	47
东城区	42
崇文区	43
朝阳区	101
丰台区	67
石景山区	40

附录3　基层农户调查村组名单与样本量

区县名称	调研样本村	样本量
大兴	大兴区庞各庄镇留民庄村	30
	大兴区庞各庄镇梨花村	28
	大兴区庞各庄南顿垡村	34
	大兴区庞各庄镇西梨园村	30
	大兴区庞各庄镇东梨园村	29
	大兴区魏善庄镇东沙窝村	32
	大兴区庞各庄镇东义堂村	30
顺义	顺义区北务镇北务村	34
	顺义区北务镇小珠宝村	27
	顺义区大孙各庄镇小塘村	11
	顺义区杨镇王辛庄村	25
延庆	延庆县康庄镇西红寺村	29
	延庆县大榆树镇陈家营村	25
房山	房山区琉璃河镇薛庄村	30
昌平	昌平区兴寿镇崔村	30
怀柔	怀柔庙城镇孙史山村	15

附录4 西瓜与甜瓜团队农民田间学校工作站调研计划

一、调研基本情况介绍

1. 调查者介绍

市、区、乡镇和村相关人员。

2. 调研目的

西瓜、甜瓜产业技术体系北京创新团队农民田间学校工作站。创新团队是以产业为主线、围绕单个产品（西瓜、甜瓜）进行技术和推广创新，解决产业中突出的问题。田间学校工作站具有重要的作用，是团队问题的来源，也是团队技术落脚点。调查旨在弄清楚产业现状，提升产业水平。

3. 调研分组

3.1 干部组（全科农技员、会计及村主任）。

3.2 农民组一（男农民为主，掌握家庭主导权者）

3.3 农民组二（女农民为主，掌握生产操作技术要点）

二、调研过程

1. 农民组填写问卷（1小时）

2. 小组访谈（1小时）

2.1 干部组

2.1.1 村产业状况

村域面积、耕地面积、设施面积、人口、劳动力人口、一二三产情况、总收入与人均收入、支柱产业、产值（表1）

2.1.2　西瓜、甜瓜产业状况：西瓜、甜瓜面积、产量、产值、设施类型、茬口（表2）

2.1.3　生产规模状况：种植户数、规模分布、合作社数量、销售量（表3）

2.1.4　技术推广与培训情况（表4）

2.1.5　产业发展趋势：相关政策、规划

表1　产业状况调查表

村面积	耕地面积	温室面积	大棚面积	人口	劳动力	总收入	人均收入
一产收入	主要产业	产业产值	二产主要产业	二产产值	三产产业	三产产值	

表2　西瓜、甜瓜产业现状调查表

	面积	平均产量	平均产值	种植户数	设施类型	上市时间	茬口
小西瓜							
设施中型西瓜							
露地无籽西瓜							
露地有籽西瓜							
厚皮甜瓜							
薄皮甜瓜							

表3　生产规模现状调查表

规模（亩）	<1	1～3	3～8	8～50	>50	合作社数	销售量

表 4　推广与培训情况调查表

推广形式	组织部门	技术种类	次数	效果	问题	原因	建议
试验示范							
观摩交流							
技术培训							
科技赶集							

2.1.6　镇、村相关政策规划：

2.2　农民组一

2.2.1　参加人员基本信息（问卷填写过程中抄录）（表5）

2.2.2　品种与技术现状：

2.2.2.1　您村的主要茬口是什么？主要品种有哪些？栽培方式是什么（地爬、吊蔓/单蔓与多蔓）？（考虑因素：价格、销售方便性、栽培省工型、技术简易性）

对品种和技术的评价怎样？有何优缺点？有何建议？（H图，1~10分）（表6）

2.2.2.2　您选用的品种和砧木名称是什么？有何优点？缺点？有何建议？（表7）

2.2.2.3　您是自己育苗还是买苗？

□买（跳至A）□育苗（跳至B）

A. 多少钱一株？是营养钵苗还是穴盘苗？

你不自己育苗的原因？（没有育苗棚？太费功夫？多少功？不会）

你认为家里的设施能满足早春育苗吗？如果不满足需要哪些方面的改造？

B. 你会选择买苗吗？

□不会（跳至B1）□可能会（跳至B2）□说不好

B1. 不买苗的原因是（苗质量不好？苗供应时间不好？价格太高？其他？排序）

B2. 您能接受的价格？

2.2.2.4　您主要的销售渠道是什么？占多大比重？评价？（表8）

2.2.2.5　您购买农资的主要渠道是什么？评价？（表9）

2.2.2.6　您的主要问题和需求？（后两项对已经答过问卷的可不问。）

表5　参加人员信息表

姓名	性别	年龄	文化	家庭人口	劳动力	种植年限	面积	联系方式

表6　种植品种类型和方式评价

	全村种植比例	优势	劣势	评价
小瓜吊蔓栽培				
小瓜地爬栽培				
大瓜设施				
大瓜露地				
建议和需求				

评价：1~10分，每人打分。1分最低、10分最高

表7 种植品种和砧木评价

		全村种植比例	优势	劣势	评价
品种	1 2 3 4				
砧木	1 2 3 4				
建议和需求					

表8 农资购销情况调查表

农资来源	规格、型号、名称	购买渠道	亩购买数量	亩成本	质量评价	主要问题
接穗						
砧木						
种苗						
肥料（有机肥）						
肥料（化肥1）						
棚膜						
地膜						
二道幕						
农药						
农机						
灌溉设备						
用工						

购买渠道：1. 商贩上门销售；2. 本村（镇）销售点；3. 县城销售点；4. 农技推广部门；5. 合作社代购；6. 其他

质量评价：0~10分

表9　西瓜、甜瓜销售情况调查表

类型	渠道	地点	方便性	价格差异	评价	销售比例	主要问题
小西瓜							
大西瓜							
薄皮甜瓜							
厚皮甜瓜							

销售渠道：1. 商贩上门收购；2. 合作社、企业销售点；3. 农贸市场；4. 礼品采摘销售；5. 其他

质量评价：0～10 分

2.3　农民组二

2.3.1　参加人员基本信息（问卷填写过程中抄录）（表5）

2.3.2　育苗环节技术问题收集与分析：（季节历）

您的种子怎么处理的？怎样催芽？苗期有哪些病害？嫁接成活率？方式？倒苗吗？倒苗几次？过程描述？炼苗吗？主要问题？

定植环节：（季节历）产量？上市时间？什么时候定植？您什么时候开始整地？扣棚？用什么膜？有什么有机肥和底肥？有机肥怎样处理？

密度（株行距）定植水？缓苗措施？问题？

温度和水分管理：缓苗后到授粉前温度与水分管理？授粉期管理？问题？

膨瓜管理？主要问题？

2.3.3　您在生产中有不好育苗、不好坐果、裂瓜、畸形瓜等现象吗？

2.3.4　您在生产中还有其他什么问题和要求？

附录5 农民调研问卷

问卷编号：_____ 访问时间：____月__日__时__分至__时__分

所属区县：_____ 村组名称：_____

姓名：_____ 电话：_____

西瓜、甜瓜现状与需求调查问卷

请各村根据自身的西瓜（甜瓜）生产情况如实填写，谢谢合作。

一、基本信息

Q1. 产业信息（可另附表）

类型		品种	种植面积	亩产量	亩收入	上市时间
西瓜	小西瓜					
	大西瓜					
甜瓜	薄皮甜瓜					
	哈密瓜					
	厚皮甜瓜					

Q2. 农资购销（可另附表）

农资来源	规格、型号、名称	购买渠道	亩用量	亩成本价格	主要问题
接穗					
砧木					
种苗					
肥料（有机肥）					
肥料（化肥1）					
棚膜					
地膜					
二道幕					
农药					
灌溉设备					
用工					
其他					

购买渠道：1. 小商小贩上门销售；2. 本村（镇）销售点；3. 县城销售点；4. 农技推广部门；5. 合作社代购；6. 其他，请注明

Q3. 西瓜、甜瓜销售情况

类型		主要销售渠道	销售地点	销售价格	销售比例	主要问题
西瓜	小西瓜					
	大西瓜					
甜瓜	薄皮甜瓜					
	哈密瓜					
	厚皮甜瓜					

销售渠道选项：1. 小贩上门收；2. 合作社代销；3. 交本地企业合作社；4. 本地批发市场；5. 零售；6. 装箱采摘

二、品种调查

Q4. 您去年选用的品种有哪些优点：（请在□内打√）

西瓜：□ 抗病性好　　　　　　□ 口感好　　□ 抗裂

　　　□ 早熟：＿＿＿天　　　□ 亩产量高：＿＿＿kg

　　　□糖度高：＿＿＿＿度　□ 其他：＿＿＿＿

甜瓜：□ 抗病性好　　　　　　□ 口感好　　□ 抗裂

　　　□ 早熟：＿＿＿天　　　□ 亩产量高：＿＿kg

　　　□糖度高：＿＿＿＿度　□ 其他：＿＿＿＿

Q5. 您选用的品种有哪些缺点：（请在□内打√）

西瓜：□ 抗病性差　　　　　　□ 口感不好　□ 不抗裂

　　　□ 亩产量低：＿＿＿kg　□ 糖度低：＿＿＿度

　　　□晚熟：＿＿＿＿天　　□其他：＿＿＿

甜瓜：□ 抗病性差　　　　　　□ 口感不好　□ 不抗裂

　　　□ 亩产量低：＿＿＿kg　□ 糖度低：＿＿＿度

　　　□ 晚熟：＿＿＿＿天　　□其他：＿＿＿＿

Q6. 您最看重西瓜、甜瓜的哪方面：（单选，请在□内打√）

西瓜：□产量　　□皮色　　□瓤色　　□抗病性

　　　□商品性　□品质　　□坐果性

甜瓜：□产量　　□皮色　　□瓤色　　□抗病性

　　　□商品性　□品质　　□坐果性

Q7. 您认为选择当前品种的主要因素是（请按照因素重要性从高到低排序）

①市场需求 ②宣传推广力度 ③作物抗病性（栽培容易）④商品品质（好看、好吃）⑤其他，请注明＿＿＿＿

三、栽培环节

Q8. 您家的苗子是买还是育苗？

□买

Q8.1.1. 多少钱一株？_____

Q8.1.1.1. □营养钵苗　　□穴盘苗

Q8.1.2. 你不自己育苗的原因？

□没有育苗棚　□太费功夫　□不会

Q8.1.3. 你认为家里的设施能满足早春育苗吗？如果不满足需要哪些方面的改造？

□8.2 育苗

Q8.2.1. 您会选择买苗吗？

□不会（答 Q8.2.2）□可能会（答 Q8.2.3）□说不好

Q8.2.2. 不买苗的原因是：□苗质量不好　□苗供应时间不好 □价格太高 □其他（请注明）_____

Q8.2.3. 您能接受的价格？_____

Q9. 今年您家的西瓜有以下现象吗？（选1、2、3、4答 Q9.1）

1. 裂瓜　2. 畸形果　3. 空心瓜　4. 厚皮瓜　5. 没有以上现象

您觉得什么原因造成的？_____

Q10. 你家西瓜授粉方式？

□Q10.1. 人工授粉　每亩地授粉_____天

□Q10.2. 蜜蜂授粉　Q10.2.1. 效果评价：1. 好 2. 一般 3. 不好

　　　　　　　　　Q10.2.2. 成本：____元/亩

□Q10.3. 座瓜灵　Q10.3.1. 效果评价：1. 好 2. 一般 3. 不好

　　　　　　　　　Q10.3.2. 成本：____元/亩

　　　　　　　　　Q10.3.3. 名称：_____

Q11. 您今年生产的甜瓜有以下现象吗？

1. 糖心瓜　　　2. 瓜表皮出现斑点　　　3. 畸形果

您认为出现上述现象的主要原因是什么？

Q12. 您如何看待生长调节剂在西瓜、甜瓜生产中的应用？

□必须使用　　　　　　　　　□按照说明规范使用

□为获得高产，凭自己经验用　　□最好不用

四、西瓜与甜瓜病虫害防治调查

Q14. 下列病虫害防治措施您使用过的有哪些？（可多选）

□黄板诱虫　　　□蓝板诱虫　　　□诱虫灯

Q15. 您家西（甜）瓜存在哪些病虫害？（可多选）

□疫病　　□猝倒病　□立枯病　　□炭疽病　□病毒病

□白粉病　□枯萎病　□根腐病　　□霜霉病　□蔓枯病

□线虫病　□果腐病　□蚜虫　　　□红蜘蛛　□白粉虱

□潜叶蝇　□蓟马　　□菜青虫

Q16. 您认为西（甜）瓜种植过程中最难防治的病害情况是：

时期	病虫害种类	防治药剂名称	使用方法	使用剂量	用药次数
苗期			□拌土　□喷雾 □灌根　□熏蒸等	□按说明　□凭经验 □高于说明	
伸蔓期			□拌土　□喷雾 □灌根　□熏蒸等	□按说明　□凭经验 □高于说明	
授粉期			□拌土　□喷雾 □灌根　□熏蒸等	□按说明　□凭经验 □高于说明	
坐果期			□拌土　□喷雾 □灌根　□熏蒸等	□按说明　□凭经验 □高于说明	

病虫害种类参见 Q15

Q17. 您选购农药时主要看标签的哪个部分？（可多选）

□防治对象 □农药名称及含量 □生产厂家 □生产日期 □熟悉商标（原商品名）

Q18. 您经常在什么情况下打药？

□凭经验　□见病虫就打 □咨询农技人员 □问卖药的　□看别人打就跟着打 □提前预防

Q19. 您打药时，一般会采取哪种方法？

Q13. 西甜瓜栽培现状调查表（可另附表）

作物名称：　　　　　　面积：

设施情况	□露地	□小拱棚	□春大棚	□秋大棚	□温室	□连栋温室
育苗方式	播种方式	□直播	□育苗	□穴盘育苗	□营养钵育苗	
	育苗		□田园土	□自配营养土	□商品营养土	
嫁接方式	□不嫁接	□嫁接	嫁接方式	□贴接	□靠接	□劈接
		钻木品种	□大南瓜	□小南瓜	□葫芦	
肥水情况	水	灌溉方式	□漫灌	□滴灌	□膜上沟灌	□膜下沟灌 □微喷带
		灌溉量	（方）			（小时）
		浇水次数				
	肥	基肥	施用种类			
			施用用量			
		追肥	追肥种类			
			追肥方式	□随水冲施	□穴施	□沟施 □其他
			追肥量			
			追肥次数			
定植时间		苗龄 ___叶1心	授粉时间	首次采收时间	拉秧时间	
整地方式	畦式	□平畦	□高畦	□小高畦	□沟	□其他
整枝方式		□地爬 □吊蔓	1.条蔓	2.条蔓	3.条蔓	
留瓜方式		1株___瓜				
密 度	株距		密度___株/亩			
	行距	□单行	□双行			

□每种农药分别喷施 □多种农药混合喷施 □用烟剂熏蒸少喷雾 □提前喷施广谱性农药

Q20. 您是怎么计算用药量？

□会计算，按说明 □会计算，一般高于说明量 □不会算，听经销商的 □凭经验用药

Q21. 您买不到想要的农药时怎么办？

□听商家推荐 □别人用啥就用啥 □凭经验，用其他类似病防治的药 □不知道

Q22. 您知道农药安全间隔期的概念吗？

□知道 □知道一点 □不知道

Q23. 您打完药后，一般隔多长时间采收？

□打完就收 □按照农药标签说明 □根据农时，该收就收 □农技人员指导

Q24. 您认为如果发生药害事故，最可能的原因是？

□农药问题 □自己没用好（如用量过大，时间不对等）□没人指导或指导错了 □气候问题

附录6　消费者调查问卷

问卷编号：＿＿＿＿＿＿＿＿＿　（督导填写）＿＿＿＿
访问地点：＿＿＿＿＿＿＿＿＿＿＿＿＿＿＿＿＿＿
访问时间：＿＿＿月＿＿日＿＿时＿＿分——＿＿时＿＿分
访问员签名：＿＿＿＿＿＿＿
被访者姓名：＿＿＿＿＿＿　　联系电话：＿＿＿＿＿＿＿

西瓜、甜瓜消费情况调查问卷

您好！我是北京市农业技术推广站的工作人员。我们正在进行一项有关市民对西瓜、甜瓜的消费习惯与需求等方面的研究。能否占用您10分钟左右的时间？您的意见对我们的研究工作十分重要，我们保证对您所提供的个人资料予以严格保密，谢谢您的合作。

［西瓜部分］

Q1. 请问您今年有购买过西瓜吗？【单选】

1. 有　　　　2. 没有【跳至甜瓜部分】

Q2. 请问您今年最早是几月份购买西瓜的？在去年一年中，都是哪些月份买过西瓜？又是哪些月份经常购买西瓜？【请打√】

月份	1	2	3	4	5	6	7	8	9	10	11	12
今年最早购买西瓜月份												
去年购买过西瓜的月份												
去年最经常购买西瓜月份												

Q3. 总的说来，您去年买过 _____ 次西瓜，平均每次买 _____ 斤。

Q4. 您认为每个西瓜重多少斤比较合适？【单选】

1. 3 斤（1 斤 = 500g，全书同）以下　2. 3~5 斤　3. 5~7 斤　4. 7~12 斤　5. 12 斤以上　6. 其他，请注明 _____

Q5.1. 您买的西瓜以哪种为主？【请打√】

Q5.2. 您认为哪种西瓜最好吃？【请打√】

Q5.3. 您认为西瓜正常的市场价格是多少，当西瓜多少钱一斤的时候感觉难以接受？

Q5.1. A5.3 答题表：

序号	西瓜种类	主要购买品种	最喜欢品种	预期价格（元/斤）	
				正常的价格	不可接受的价格
1	无籽西瓜				
2	小型有籽西瓜【1.5~2.5kg】				
3	中型有籽西瓜				
4	其他，请注明_____				

Q6. 对于西瓜，您喜欢什么样的瓤色？【单选，出示图片】

1. 红色　2. 粉红色　3. 黄色　4. 其他，请注明_____

Q7. 对于西瓜，您喜欢什么样的质地？【单选，出示图片】

1. 沙瓤　2. 脆　3. 其他，请注明_____

Q8. 您一般在哪些地方购买西瓜？【可多选】

1. 大型超市/购物中心　2. 社区便利店　3. 大型农贸市场　4. 流动售卖点/小摊贩　5. 水果批发市场　6. 其他_____

Q9. 一般情况下，当我们购买西瓜的时候，会考虑下面这四个要素，请对该四个要素根据重要性进行依次排序：

考虑要素	口感	外观	价格	安全性	大小
重要性					

注：1、2、3、4、5 重要性从高到低排列，1 表示最重要，5 表示最不重要

Q10. 请问您喜欢下面哪种类型的西瓜？【出示图片】

1.　　　2.　　　3.　　　4.

Q11. 说说您知道的西瓜品种，您是从什么渠道得知的【如看超市标牌等】？

Q12. 请问您过去一年有采摘过西瓜吗？【单选】

1. 有　　　2. 没有【跳至甜瓜部分】

请问都采摘了多少次西瓜？每次采摘了多少斤？大致价格是多少？都是在哪里采摘的？

采摘次数	采摘斤数	采摘价格	采摘地点

Q13. 您对西瓜的意见和建议：

[甜瓜部分]

Q1. 请问您今年有购买过甜瓜吗？【单选】

1. 有　　　2. 没有【跳至背景部分】

Q2. 请问您今年最早是几月份购买甜瓜的？在去年一年中，都是哪些月份买过甜瓜？又是哪些月份经常购买甜瓜？【请打√】

月份	1	2	3	4	5	6	7	8	9	10	11	12
今年最早购买甜瓜月份												
去年购买过甜瓜的月份												
去年最经常购买甜瓜月份												

Q3. 总的说来，您去年买过＿＿＿＿次甜瓜，平均每次买＿＿＿＿＿斤。

Q4.1. 您买的甜瓜以哪种为主？【请打√】

Q4.2. 您认为哪种甜瓜最好吃？【请打√】

Q4.3. 您认为甜瓜正常的市场价格是多少，当甜瓜多少钱一斤的时候感觉难以接受？

序号	甜瓜种类	主要购买品种	最喜欢品种	预期价格（元/斤）	
				正常的价格	不可接受的价格
1	薄皮甜瓜【香瓜】				
2	厚皮甜瓜				
3	哈密瓜				

Q5. 您喜欢什么样的瓤色？【单选，出示图片】

1. 橙色　2. 绿色　3. 白色　4. 其他，请注明＿＿＿＿＿

Q6. 您喜欢什么样的质地/口感？【单选，出示图片】

1. 软　2. 脆　3. 面　4. 其他，请注明＿＿＿＿＿

Q7. 您喜欢什么样的皮色（外在颜色)？【单选，请出示图片】

1. 白色　2. 浅黄色　3. 金黄色　4. 绿色　5. 花色　6. 其他＿＿＿＿＿

Q8. 您一般在哪些地方购买甜瓜？【可多选】

1. 大型超市/购物中心　2. 社区便利店　3. 大型农贸市场 4. 流动售卖点/小摊贩　5. 水果批发市场　6. 其他＿＿＿＿＿

Q9. 一般情况下，当我们购买甜瓜的时候，会考虑下面这四个要素，请对该四个要素根据重要性进行依次排序：

考虑要素	口感	外观	价格	大小
重要性				

注：1、2、3、4 重要性从高到低排列，1 表示最重要，4 表示最不重要

Q10. 请问您喜欢下面哪几种品种类型？【出示图片】

1.　　　 2.　　　 3.　　　 4.

Q11. 说说您知道的甜瓜品种，您是从什么渠道得知的【如看超市标牌等】？

_____

Q12. 请问您过去一年有采摘过甜瓜吗？【单选】

1. 有　　　 2. 没有【跳至背景】

请问都采摘了多少次甜瓜？每次采摘了多少斤？大致价格是多少？都是在哪里采摘的？

采摘次数	采摘斤数	采摘价格	采摘地点

Q13. 您对甜瓜的意见和建议：

[背景信息]

Z1.【访问员填写】性别_____

1. 男　　　　　 2. 女

Z2. 年龄_____周岁

Z3. 请问您的婚姻状况是

1. 未婚且无婚姻计划   2. 近期计划结婚   3. 已婚，自在二人世界   4. 已婚，宝贝计划中   5. 已婚已育（小孩年龄：_____）   6. 离异   7. 其他_____

Z4. 请问您的文化程度是_____

1. 初中及以下   2. 高中/中专   3. 大专   4. 大学本科   5. 硕士及以上

Z5. 请问您的家庭月收入属于哪个阶段？

1. 2 000 元以下

2. 2 001 ~ 3 000 元

3. 3 001 ~ 4 000 元

4. 4 001 ~ 5 000 元

5. 5 001 ~ 8 000 元

6. 8 001 ~ 10 000 元

7. 10 001 ~ 12 000 元

8. 12 001 ~ 15 000 元

9. 15 001 ~ 20 000 元

10. 20 000 元及以上

Z6. 请问您家过去一年用在水果方面的支出是_____元，在西瓜、甜瓜方面的支出是_____元

Z7. 家庭常住人口数

【非常感谢您的宝贵意见，礼品签收_____】

附录7　园区与合作社问卷与访谈提纲

问卷编号：_____

访问地点：_____

访问时间：____月__日__时__分——__时　分

被访者姓名：_____

园区（合作社）名称：_____　　联系电话：_____

园区调查问卷

Q1. 请问您所在园区的面积_____，种植西瓜、甜瓜的面积_____，主要种植西瓜品种_____，西瓜产量_____，西瓜产值_____；甜瓜品种_____，甜瓜产量_____，甜瓜产值_____，估算总成本_____，园区雇工_____人；

Q2. 销售方式所占比例

采摘_____，装箱_____，零售_____，其他_____

Q3. 平均销售价格

西瓜：采摘_____，装箱_____，零售_____，其他_____

甜瓜：采摘_____，装箱_____，零售_____，其他_____

Q4. 请问您所在园区（合作社）通过什么渠道进行宣传？【可多选】

1. 商贩推荐　　2. 报纸/杂志广告　　3. 电视广告

4. 电台广告　　5. 互联网广告　6. 其他，请注明_____

Q5. 您所在园区（合作社）餐厅有哪种餐饮？【单选】

1. 农家菜 2. 快餐 3. 川菜 4. 其他_____

Q6. 您所在园区（合作社）是否有休闲娱乐设施？【单选】

1. 是   2. 否   3. 说不清，看情况

访谈提纲：

一、预测您所在园区（合作社）产业发展趋势？

二、您认为园区（合作社）合作化生产和品牌是否可行，为什么？

三、您所在园区（合作社）产业发展需求？

1. 品种需求

2. 技术模式环节的需求

3. 园区规划品牌建设

附录8　农民小组访谈小结

			品种	
	品种类型	占比例 (%)	优点	缺点
梨花村	京欣2号	78	早熟、皮色好、糖度高、口感好	易裂
	华欣558	20	果型好、产量高、外观好、糖度高	晚熟易裂
	超越梦想	2	外观好、糖度高、抗裂、挂果期长	
大兴 南顿堡	超越梦想	70	抗裂、品质好、市场认可、挂果期长	畸形
	京颖-6	8	外观好	
	先锋	5	挂果期长、抗裂、抗水脱	
	北农天骄	45	抗裂、果型好、产量高	晚熟
	华欣	35	外观好	易裂、口感差、市场不好
	京欣2号	10	口感、皮色好、早熟	易裂
西梨园	超越梦想、一特白、久红瑞、天蜜			
东沙窝	京欣		产量高、皮薄、商品性好	
	京欣王		销量好、口感好	
	北农天骄		不裂瓜	个小
	超越梦想			
	丽佳			

（续表）

			品种	
	品种类型	占比例	优点	缺点
王辛庄	京欣2号		皮薄、瓜圆、早熟	易裂、20~30/棚
	华欣863		甜、抗裂、瓜型好、口感好	雌花少、成熟期长
	极品双冠		抗裂、口感好、瓜型好、早熟	
	新秀2号		早熟、瓜型好	易裂
顺义 马庄	华欣863		瓜型好	晚熟
	京欣2号		外观好、早熟、好吃	裂瓜
	冬禧		瓜型好、坐瓜号	晚熟、肉不红
	超越梦想		好吃、不裂、甜	白粉病厉害
	早春红玉		易裂瓜、瓜型不好	
	京颖		个大、皮色好	纹乱
小珠宝	超越梦想	20~30	不裂瓜、口感好、挂果期长、长势好	种子贵、不好买、部分裂瓜
	早春红玉	60	口感好、早熟	易倒瓤、裂瓜
	红小帅	10	易坐瓜	糖度低、易裂瓜
	华欣	80	皮薄	口感差、糖度低
	京欣2号	20	早熟	厚皮
后陆马	竹叶青	80	不熟可食、销量好、上市早	不耐贮运、产量低
	京蜜11	10	产量高、口感好、销路好	成熟期长、没熟不可生食
	久红瑞	0.1	个大、外观好	口感一般、销路差
	红城10	10	产量高、口感好	成熟期长
延庆 陈家营	超越梦想		口感好、不裂瓜	
	京颖-6		皮薄	产量低
西红寺	超越梦想	20	不裂、品质好、耐贮运、挂果期长	个太大
	新秀2号	70	个大、口感好	易裂、挂果期短
	红小帅			
	麒麟	5		
	早春红玉	5		

（续表）

		砧木		
		品种类型	优点	缺点
大兴	梨花村	大南瓜	产量高、抗病	品质差、不好坐果
		小南瓜	抗寒、好育苗	
	南顿堡	大南瓜70%	产量高、抗病好	秧旺、不好坐果
		小南瓜30%	皮薄、品质好、果型好	产量低点
	西梨园	雪铁王子	实心、易嫁接、嫁接后无白筋	
		京欣砧4		不耐寒、瓜小
	东沙窝	京欣砧4	秆绿、发芽率高	
		京欣砧2	实心成活率高	
		雪铁王子	抗低温	
		散装南瓜子		出苗不齐、空心、秆发黄
顺义	王辛庄	小子南瓜		
		铁木真		
		掘金龙		
	马庄	小南瓜籽		
	小珠宝	散装大南瓜籽	便宜	纯度低、夏天不抗根结线虫
		小南瓜籽		
	后陆马	小南瓜籽		
延庆	家营			
	西红寺	京欣砧4		苗旺长

（续表）

			种植模式	
	品种类型	占比例	优点	缺点
梨花村	小瓜吊蔓	2	瓜型好、甜度高、产量高	成本高费工
	小瓜地爬	0		
	大瓜设施	30	早熟、效益好	易得病、费工、对身体不好
	大瓜露地	68	省工、对身体好、成本低	受环境影响大、上市晚、效益低
南顿堡	小瓜吊蔓	8	果型好、品质好、效益好、产量高	费工、成本高、成熟稍晚
	小瓜地爬	49.4	早熟、（二、三茬）产量高、省工	贴地部分有虫害
	大瓜设施	40.2	早熟、品质好、外观好、省工	易裂、死秧
	大瓜露地	2.3	产量高、干活不热	
西梨园	小瓜吊蔓		销量好、瓜好看、抗裂、口感好、产量高	
	小瓜地爬			果型差、皮色差、畸形果多、产量低
	大瓜设施			
	大瓜露地			
	厚甜瓜吊蔓		好运输、产量高、抗裂、省工	效益低、伊丽莎白易上病、抗病性差
东沙窝	小瓜吊蔓	100	销量好、产量高、密植、长相好、效益好	成熟期长、费工
	小瓜地爬			
	大瓜设施	40	上市早、甜度高、产量高	
	大瓜露地	60	成本低产量高、集中上市	不抗灾、种植风险大
	小瓜吊蔓			
王辛庄	小瓜地爬			
	大瓜设施	100	5月下旬即可上市、上市早	
	大瓜露地			
马庄	小瓜吊蔓	10春茬小瓜30个棚		
	小瓜地爬			
	大瓜设施	90		
	大瓜露地			

大兴：梨花村、南顿堡、西梨园、东沙窝

顺义：王辛庄、马庄

（续表）

		种植模式			
		品种类型	占比例	优点	缺点
顺义	小珠宝	小瓜吊蔓	2		
		小瓜地爬	98	早熟、省工、效益好	外观差、密度小
		大瓜设施	100	早熟、省工、产量高	裂瓜
		大瓜露地			
	后陆马	地爬	90	省工、早熟、销量好、口感好	不耐运输和贮存
		吊蔓	10	甜、产量高、瓜型好	成熟期长、费工、价钱低
延庆	陈家营	小瓜吊蔓	100		
		小瓜地爬			
		大瓜设施			
		大瓜露地			
	西红寺	小瓜吊蔓	100	利用率高、采光好、果型好、销售好	费工
		小瓜地爬			
		大瓜设施			
		大瓜露地			

		栽培技术问题	
		栽培	病虫害
大兴	梨花村	1. 基本买苗、少数育苗；嫁接技术水平低、基本为靠接。买的苗渠道杂乱、不齐、带病	苗期：猝倒病、炭疽病、枯节病
		2. 基肥为鸡粪、不腐熟易烧苗	露地瓜：瓜大小为3.5~4kg时，叶片上有黑点、蔓延到瓜上、最后烂瓜
		3. 重茬、畸形瓜、裂瓜现象严重	露地瓜：瓜油皮、裂、最后烂瓜
	南顿堡	1. 上市时间晚、缺少抢早植技术	苗期：猝倒病、炭疽病
		2. 膨瓜肥种类杂、施用量过大	定植后：红蜘蛛、白粉病、线虫和病毒病
		3. 未使用菌肥	
		4. 销售渠道和品种来源无保障	
	西梨园	1. 苗期：高脚苗、不出心	猝倒病、炭疽病
		2. 定植后：不易坐果、（小西瓜）雄花无花粉，一特白后期裂瓜	白粉病、红蜘蛛、蔓枯病和根结线虫
	东沙窝	1. 有雌花	苗期：猝倒病损失能达70%~100%
		2. 无雄花	授粉期：枯萎病、根结线虫
			坐果期：白粉病、红蜘蛛和蚜虫

（续表）

顺义	王辛庄	1. 基肥中化肥施入量过大	坐果期：红蜘蛛、蚜虫厉害，线虫较少
		2. 瓜7.8斤大小时，易烂蔓、裂瓜	
	马庄	1. 裂瓜30%	苗期：疫病、线虫厉害
		2. 小瓜不好销、有假种子、有销路种小西瓜，成立协会	定植后：病毒病、蚜虫、红蜘蛛、炭疽、白粉。其中病毒和线虫最厉害
	小珠宝		线虫厉害
	后陆马	吊蔓栽培不易坐果、瓜鸡蛋大小时裂瓜	1. 苗期：猝倒病
			2. 定植后：根结线虫、蔓枯病
延庆	陈家营	1. 种植密度过大、种苗成本偏高	1. 白粉病厉害、无线虫
		2. 果实成熟时易掉瓜	2. 膨瓜期菜青虫咬瓜厉害
		3. 有畸形和空心瓜现象	
	西红寺	1. 抢早栽培技术应用少	白粉病、病毒病厉害
		2. 育苗技术差、大兴买苗、无育苗棚	
		3. 销售渠道欠缺